中等职业教育国家规划教材
全国中等职业教育教材审定委员会审定

矿床地质基础

（国土资源调查专业）

主　　编　陈洪冶
责任主审　毕孔彰
审　　稿　黄崇轲　钱大都

中国建筑工业出版社

图书在版编目（CIP）数据

矿床地质基础/陈洪冶主编．—北京：中国建筑工业出版社，2002

中等职业教育国家规划教材，国土资源调查专业

ISBN 978-7-112-05433-6

Ⅰ．矿… Ⅱ．陈… Ⅲ．采矿地质学-专业学校-教材 Ⅳ．P61

中国版本图书馆 CIP 数据核字（2002）第 094313 号

本教材较系统而简明地阐述了有关矿床地质的基本概念、基础知识及各成因类型矿床的地质特征、形成作用及成因，同时增加了工业矿物岩石和开发利用前景的有关内容及矿床工业类型的有关知识，着重于对矿床地质资料作综合分析能力的培训。本书结构紧凑、内容连贯、文字简练、阐述明确、图文并重。

全书共分十章，包括：总论、岩浆矿床、伟晶岩矿床、气水热液矿床、风化矿床、沉积矿床、可燃有机岩矿床、变质矿床、非金属矿床简介、矿床工业类型，另附有实训指导书。

本书适于中等职业学校三年制国土资源调查专业及相关专业的学生使用，也可供一般地质人员参考。

中等职业教育国家规划教材
全国中等职业教育教材审定委员会审定

矿床地质基础

（国土资源调查专业）

主　　编　陈洪冶
责任主审　毕孔彰
审　　稿　黄崇轲　钱大都

*

中国建筑工业出版社出版、发行（北京西郊百万庄）
各地新华书店、建筑书店经销
北京市书林印刷有限公司印刷

*

开本：787×1092 毫米　1/16　印张：9½　字数：225 千字
2003 年 1 月第一版　2010 年 11 月第四次印刷
定价：14.00 元

ISBN 978-7-112-05433-6
(14949)

中等职业教育国家规划教材出版说明

为了贯彻《中共中央国务院关于深化教育改革全面推进素质教育的决定》精神，落实《面向21世纪教育振兴行动计划》中提出的职业教育课程改革和教材建设规划，根据教育部关于《中等职业教育国家规划教材申报、立项及管理意见》（教职成［2001］1号）的精神，我们组织力量对实现中等职业教育培养目标和保证基本教学规格起保障作用的德育课程、文化基础课程、专业技术基础课程和80个重点建设专业主干课程的教材进行了规划和编写，从2001年秋季开学起，国家规划教材将陆续提供给各类中等职业学校选用。

国家规划教材是根据教育部最新颁布的德育课程、文化基础课程、专业技术基础课程和80个重点建设专业主干课程的教学大纲（课程教学基本要求）编写，并经全国中等职业教育教材审定委员会审定。新教材全面贯彻素质教育思想，从社会发展对高素质劳动者和中初级专门人才需要的实际出发，注重对学生的创新精神和实践能力的培养。新教材在理论体系、组织结构和阐述方法等方面均作了一些新的尝试。新教材实行一纲多本，努力为教材选用提供比较和选择，满足不同学制、不同专业和不同办学条件的教学需要。

希望各地、各部门积极推广和选用国家规划教材，并在使用过程中，注意总结经验，及时提出修改意见和建议，使之不断完善和提高。

教育部职业教育与成人教育司

2002年10月

前言

本书是根据教育部职教司组织制定的“矿床地质基础”课程教学大纲基本精神和在总结近年来中职课程教改经验基础上编写的。本书在内容上适应从事矿产资源调查一线岗位群高素质劳动者和中初级专门人才对矿床地质基础方面的技术知识要求；文字上通俗易懂；取材上保证基础教材要求的前提下，尽可能地融合有关的新理论、新知识、新方法，注意理论知识与实践技能的密切结合是本书编者的努力目标。本教材共分十章并附实训指导书，第一章着重介绍与矿床地质有关的某些概念和基础；第二章至第八章着重阐述各类矿床的地质特征、成因、成矿条件；第九章简要介绍了部分非金属矿床及其开发利用前景的有关内容，使矿床地质的教学与经济建设发展需求相适应第十章介绍了矿床工业类型的有关知识。实训指导书共选编 11 个常见矿床类型的典型矿例 18 处，每一矿例均按矿区地质、矿床地质和矿床成因三个方面作了简要介绍，并对各类矿床的实训目的、实训内容和实训方法作了指导性说明。书中带有“*”者为选学内容。

本书由陈洪冶（江西应用技术职业学院）主编；第一、三、四、五、十章及实训指导书由陈洪冶编写；第二章由彭真万（江西应用技术职业学院）编写；第六、八、九章由熊晓云（湖北国土资源工程学校）编写；第七章由王昭雁（江西应用技术职业学院）编写；最后由陈洪冶统编定稿。全书由国土资源部咨询研究中心毕孔彰教授、黄崇轲教授及原国土资源部地勘司副司长钱大都教授主审。

在编写过程中引用了大量前人工作成果和现行相关教材的有关内容，对此，编者深表谢意。鉴于编者水平有限，成书时间又比较仓促，书中难免有错误和不妥之处，热切地希望广大读者批评指正。

编　者

目 录

第一章 总 论

第一节 矿产资源的重要性

矿产资源是指天然赋存于地壳内部或地表，由地质作用形成的呈固态、液态或气态的具有经济价值或潜在经济价值的矿物原料。人类对矿产资源利用的广度和深度，是社会文明与发展程度的重要指标，也是生产力水平的直接标志；一个国家和地区的矿产资源状况是决定其经济建设方针、布局、规模和速度的重要条件之一。

矿产资源的调查评价及其合理的开发利用，对增加工农业产值具有十分重要的意义。据不完全统计，开发矿产的采掘工业年投资额约占我国工业年产值的6%，但以矿产品为基础的原料工业及其有关的制造工业，其产值约为矿产开发产值的10倍。相信随着科学技术的不断发展和矿产品加工工艺的不断改进，矿产开发及其加工工业的产值将会大大提高。

在一定的社会经济技术条件下，有工业利用价值的矿产资源通常是有限的。随着经济建设的飞速发展，矿产资源，特别是优质、易采的矿产资源总是会越来越少，因此，大力寻找和扩大矿产资源储量，充分合理地开发和保护现有的矿产资源，是我国经济建设的基本国策之一。矿产的形成受一定地质条件制约，空间分布很不均匀，只有根据各地区矿产资源的特点，合理地部署工农业生产建设，才能发挥其最大的社会经济效益。矿产资源的性能和用途，还远未被人们完全认识，随着社会发展的需要和科学技术的不断进步，以及矿产开发与加工技术的提高，一种矿产资源新性能、新用途的发现就有可能在社会上形成新的产业部门，并推动国民经济的发展。

矿产的形成方式、产出特点、规模大小及富集程度等都受到一定地质条件的制约，人们只有通过深入的地质调查研究，才能发现它和认识它，并通过开发使其为人类服务。

第二节 矿床地质研究的内容

矿床地质是以矿床为研究对象，阐明矿床特征、成因和在时空上的分布规律，其内容主要有：

1. 研究矿床的特征，即矿石的物质成分、结构构造，矿体的形态、产状、规模等。在此基础上对矿床进行分类，并综合、描述、总结各类矿床的主要特点。

2. 研究矿床的成因，如成矿物质来源、成矿控制因素、形成条件和形成过程等。

3. 研究矿床的分布规律，如研究在不同区域范围内，矿床和矿体的时、空分布特点和产出的有利部位。

4. 研究矿体赋存条件，如岩性、构造部位等。

矿床地质研究的主要任务是为成矿预测和找矿勘查工作提供理论基础，使人们能更科学、更合理、更有成效地进行找矿勘探。

第三节 矿产资源的分类

矿产资源通常分为能源矿产、金属矿产和非金属矿产三大类。亚类的划分，金属矿产一般按可提炼的金属及其特性分类，分为黑色金属、有色金属、贵金属、稀有稀土和分散金属等；非金属矿产分类多不一致，有的按矿物和有用岩石进行分类，有的按矿产的工业用途进行分类，也有按以上两种特征联合分类。

为适应社会主义建设的需要，我国矿产资源的分类以能源、金属、非金属为基础，并将地下水作为矿产资源单划一类，共分四大类。然后，参照工业部门门类对其主要用途进行细分。我国已发现的矿产约168种，其中，探明有资源储量的矿产151种。具体分类如下：

1. 能源矿产，共7种：煤、煤层气、油页岩、石油、天然气、铀、钍。
2. 金属矿产，共54种：铁矿、锰矿、铬矿、钛矿、钒矿、铜矿、铅矿、锌矿、铝矿、镁矿、镍矿、钴矿、钨矿、锡矿、铋矿、钼矿、汞矿、锑矿、铂族金属（铂矿、钯矿、铱矿、铑矿、锇矿、钌矿）、金矿、银矿、铌矿、钽矿、铍矿、锂矿、锆矿、锶矿、铷矿、铯矿、稀土元素（钇矿、钆矿、铽矿、镝矿、铈矿、镧矿、镨矿、钕矿、钐矿、铕矿）、锗矿、镓矿、铟矿、铊矿、铪矿、铼矿、镉矿、钪矿、硒矿、碲矿。
3. 非金属矿（见第九章）。
4. 地下水气矿产，共4种：地下水、地下热水、矿泉水和二氧化碳气。

第四节 有关矿床的一些基本概念

一、矿石及其有关概念

矿石　指从矿床中开采出来，并在现有的技术和经济条件下能从中提取一种或多种有用组分（元素或化合物）的天然矿物集合体，也称原矿、粗矿或毛矿。受当时技术经济条件的影响，矿石的概念是相对的、可变的。矿石一般由有用的矿石矿物和暂时无用的脉石矿物所组成。

矿石矿物　指矿石中能被工业利用的金属和非金属矿物。有的矿石矿物可从中提取一种或数种有用金属元素，如黄铜矿、闪锌矿等；有的矿石矿物指有用的非金属矿物，如云母矿中的云母、石棉矿中的石棉等。

脉石矿物　指矿石中目前还不能被利用的无用矿物。如铜矿石中与有用矿物相伴生的石英、方解石等非金属矿物及目前还不能利用的低品位黄铁矿和微量的其他金属矿物，这些矿物均在矿石加工处理过程中被剔除废弃。脉石矿物和矿石矿物的概念是相对的，如果工业技术条件改变和矿石加工能力提高，脉石矿物也有可能成为矿石矿物。

脉石　指矿床中与矿石相伴生的无工业价值的固体物质，包括脉石矿物、围岩碎块和夹在矿体中的不符合工业要求的岩石（即夹石）。

矿石品位　指矿石中有用矿物或有用组分的单位含量。因矿种不同，矿石品位的表示方法也不相同，大多数金属矿石，以其中的金属（重量）百分比表示（如Fe、Cu等）；有些金属矿石的品位以其中的氧化物（如 WO_3、Ta_2O_5 等）的重量百分比表示；贵金属矿石多用 $\times 10^{-6}$（即 g/t）表示；原生金刚石则用 ct/t 或 mg/t 表示；非金属矿床中的有用矿物或化合物多用重量百分比表示；砂矿床用 g/m^3 或 kg/m^3 表示；金刚石砂矿常用 ct/m^3 或 mg/m^3 表示等等。

矿石品位是衡量矿石质量的主要标志。在矿床或矿体中，矿石品位常不均匀，甚至变化很大，通常要划分区段，按照科学而又严格的方法系统取样，分析化验，才能分别得知不同矿块、矿段或整个矿体、矿床的平均品位。

矿石的最低工业品位（简称矿石的工业品位）指在当前经济技术条件下，能够供工业开采和利用的矿石的最低品位要求。矿体的平均品位只有达到或超过最低工业品位要求时，才能计算资源储量。矿石的最低工业品位是随矿床开采条件、加工利用的难易程度、交通运输条件的好坏、综合利用程度的高低等经济技术因素和科学技术发展水平而变化的，如自 19 世纪以来，铜的最低工业品位已从 10% 下降至 0.4%。对同一矿种但不同类型的矿床，最低工业品位要求也不一致，因此它不是固定不变的，一般说来，矿床规模大、综合利用程度高、易采、易选、易冶炼的矿石，其最低工业品位要求也较低。

矿石结构　指矿石中同一矿物集合体内各矿物颗粒的形状、大小和相互关系。例如，等粒结构、不等粒结构、片状结构、纤维状结构等。结构通常是指微观范畴，除肉眼观察外，主要在显微镜下研究。

矿石构造　指矿石中不同成分的矿物集合体的形状、大小和相互关系。例如，块状构造、浸染状构造、条带状构造等。矿石构造通常指宏观范畴，但其规模也有大有小，可以在矿体露头、开采面或矿石标本上进行肉眼观察确定，亦可在显微镜下研究。

研究矿石的结构构造可为解决矿床的成因提供依据，也可了解各种有用组分在矿石中的分布情况，以及各种有用矿物的粒度大小、形状和嵌布关系，为选矿加工提供资料。

二、矿体及其有关概念

矿体　是矿床的基本组成单位，是矿山中被开采的对象。矿体主要由矿石组成，具有一定的大小、形状和产状。一个矿床可由一个或数个矿体组成。

围岩　围岩有两重含意，一是指侵入体周围的岩石，二是指矿体周围的岩石，这里主要指后者而言。矿体与围岩的接触界线，或是截然清楚的，如脉状矿体与围岩的关系；或是渐变过渡的，如浸染状矿石组成的矿体，在这种情况下，需要通过系统取样分析来圈定矿体的边界。

夹石　指矿体内部不能利用的不符合工业要求的岩石。

母岩　是指提供成矿物质来源的岩石，如从镁质超基性岩中通过结晶作用形成了铬铁矿，则镁质超基性岩即可称为铬铁矿的母岩。

矿体形状　指矿体在空间的产出形态。它受矿床成因、成矿方式、围岩性质和控矿构造等多种因素控制。根据矿体在三维空间中延伸比例的不同，可将矿体的形状分为以下三种基本类型：1. 等轴状矿体：即在三维空间上大致均衡延伸的矿体。按其大小又有不同的名称，直径达数十米以上者称矿瘤；直径只有几米的称矿巢；中等大小（10～20m 左右）的称矿袋或矿囊。2. 板状矿体：指两个方向上延伸，而第三个方向很不发育的矿体，最常见的是矿脉和矿层。矿脉是指充填于各种岩石裂隙中的板状矿体，其形成晚于围岩，厚度多在几厘米至几米，长度为数百米至千米以上。按矿脉与围岩的产状关系，又可分为层状矿脉（即与层状围岩产状相一致的矿脉）和切割矿脉（即切穿层状围岩的矿脉）。矿脉多数呈倾斜状，倾斜矿脉上面的围岩称为上盘，下面的围岩称为下盘。单个矿脉的形状有规则和不规则之分，不规则矿脉沿走向和倾向常有膨胀、收缩、分枝、复合、尖灭和再现等变化。矿脉常成群出现，其组合形式有：平行状矿脉、雁行状矿脉、网状矿脉、梯状矿脉、马尾丝状矿脉、羽状矿脉及须根状矿脉等。矿层是指由沉积成矿作用或层控气液交代作用形成的板状矿体，与层状围岩产状一致。此类矿体与围岩同时或近于同时形成，也可以是成岩期后气液交代作用形成。其特点是层位比较稳定、厚度变化小、延伸长。3. 柱状矿体：指一个方向（大多是上、下）延伸，其他两个方向都不发育的矿体，如矿柱、矿筒等。

自然界许多矿体的形状，实际上介于等轴状与板状、或介于板状与柱状矿体之间，从而构成过渡类型，如扁豆状或透镜状、钟状矿体等；还有的矿体产出形态复杂，极不规则，如网格状矿脉、鞍状矿脉等。各类矿体的形状参见图 1-1。

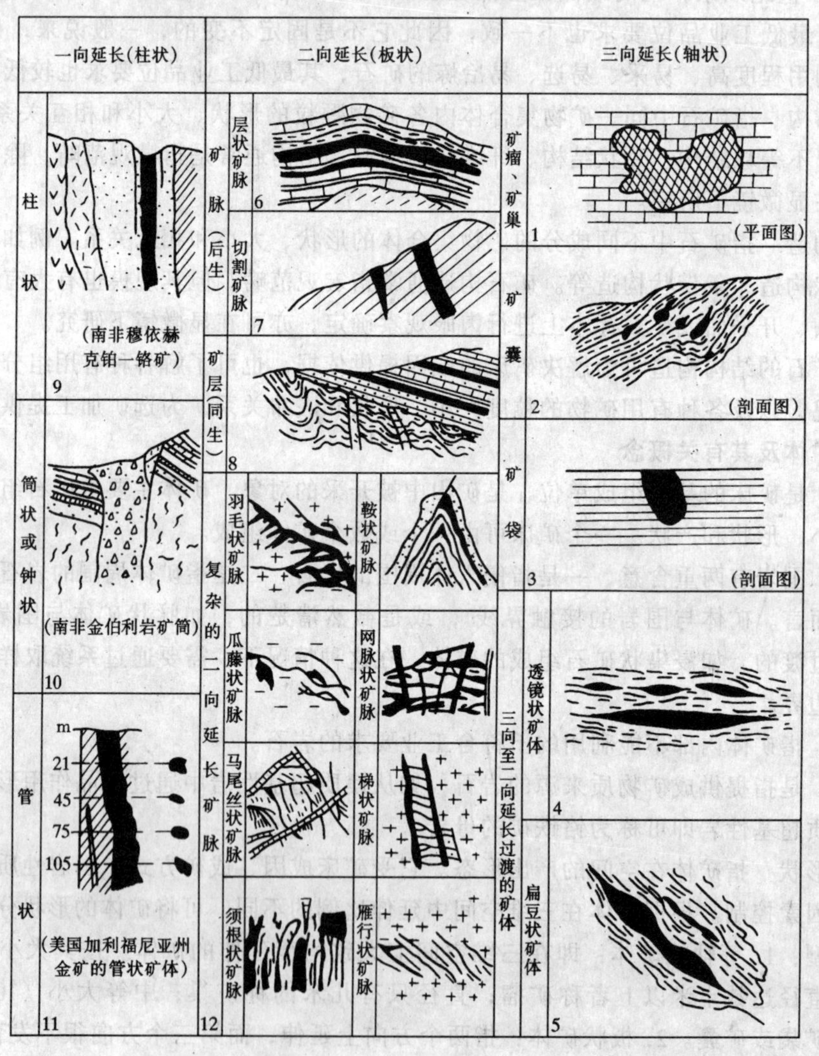

图 1-1 矿体形状综合示意图

矿体的产状　指矿体产出的空间位置和方式。它包括这样几方面的内容：1. 矿体的空间位置，一般是指矿体的产状要素，即走向、倾向、倾角。对扁豆状、透镜状和倾斜的柱状矿体，还要确定它们的倾伏角和侧伏角。倾伏角（$\angle cbd$）指矿体最大延伸方向与其水平投影线之间的夹角，侧伏角（$\angle abc$）指矿体最大延伸方向（即矿体轴）与走向间的夹角（图 1-2）。2. 矿体埋藏情况即指矿体是出露地表还是隐伏地下，埋藏深度如何。3. 矿体与围岩层理、片理的关系，是整合还是穿切。4. 矿体与侵入体的关系，是在侵入体内，还是在侵入体外，或是在接触带上。5. 矿体与地质构造的关系，矿体是在哪一种构造单元内处于什么部位，与褶皱、断裂构造的空间关系如何。

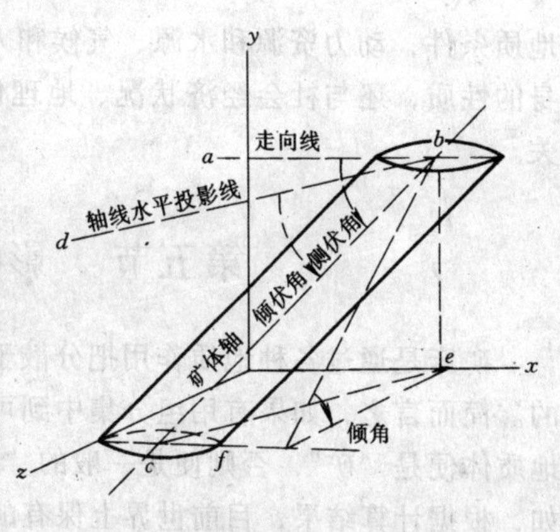

图 1-2　矿体产状示意图

正确认识矿体的产状，对研究成矿条件和控制因素，以及对找矿、勘探、开采工作，均有重要的指导意义。

三、矿床及其有关概念

矿床是指在地壳中由地质作用形成的有用矿物或有用物质的集合体，其质和量适合于工业要求，并在现有的社会经济和技术条件下，可被开采和利用。

矿床这一概念包括地质和经济技术两方面的意义。一方面矿床是地质作用的产物，它的形成服从地质规律；另一方面，矿床的范畴是随着社会经济技术条件的发展而改变。现在认为不是矿床的，随着采矿、选矿、冶炼技术的提高，今后有可能被利用而成为矿床。

同生矿床　指矿体与围岩基本上是在同一地质作用过程中同时或近于同时形成的矿床，如沉积-成岩过程中形成的沉积矿床，在岩浆结晶过程中形成的某些岩浆矿床。

后生矿床　矿体形成晚于围岩，二者分属不同时代、不同地质作用过程的产物。各种矿脉都属于典型的后生矿床，如赣南的黑钨矿石英脉，其围岩形成于寒武纪，而矿脉形成于中生代。

叠生矿床　指先期形成同生矿床之后，又叠加了晚期形成的后生矿床。如内蒙白云鄂博的稀土-铌-铁矿床，早在元古代时形成了沉积型含稀土的贫铁矿床，其后又叠加了海西期与花岗岩有关的稀土-铌矿化，使其经济价值更高。多期次矿化亦可形成叠生矿床。客观上非同生矿床形成的叠生矿床是主要的。

矿床的成因类型　是按矿床的成因、形成作用而划分的矿床类型，如岩浆矿床、沉积矿床、变质矿床等。

决定矿床经济价值的因素　评价一个矿床的经济意义和开采价值，应全面考虑以下几个因素：1. 矿床本身的特征和性质，如矿石的储量、质量（品位、有益及有害组分的含量）、矿石的综合利用价值、开采、选矿、冶炼技术条件等；对非金属矿床则应注意有用矿物的物理性质、化学性质以及工艺技术性能。2. 经济和国防建设对矿产的需求；矿床的地理分布及所在地区的发展远景。3. 矿区的经济因素、交通位置和条件，水文和工程地质条件，动力资源和水源、气候和人力资源。总之，矿床的经济价值不仅取决于矿床本身的性质，还与社会经济状况、地理位置、技术水平和经济形势以及其他非天然因素有关。

第五节　影响矿床形成的主要因素

矿床是通过各种地质作用把分散于上地幔和地壳中的有用物质和成矿元素集中而形成的。简而言之，如果有用组分集中到可被人们开采利用、使之“有利可图”的程度，这种地质体便是“矿”，否则便是一般的“岩”。金属矿床的形成是个概率极低的自然过程，例如，根据计算结果，目前世界上保有的探明金属矿产储量，只相当于大陆地壳中金属总量的百万分之几至十亿分之几（如铁和铝分别是 8.8×10^{-6}和 8.2×10^{-9}），因此，只有在特定地质、物理化学条件下，金属成矿元素才得以集中成矿。查明有用矿物集中的条件、原因、方式和过程，是矿床地质研究的主要内容之一。

影响矿床形成的因素主要有以下几个方面：

一、元素的分布量

通常将化学元素在任何宇宙体或地质体中的平均含量称为丰度。地壳中各元素的相对平均含量一般称为克拉克值。

元素在地壳（或岩石圈）的平均含量，与矿床的形成有一定的内在联系。首先，元素分布量会影响各类元素成矿机率的高低，一般情况是地壳丰度高的元素容易形成矿床，因而世界上探明的矿床储量也较多，如 Fe、Mn、Al 等。但这种关系不是绝对的，例如 Rb 在地壳中的丰度远高于 Pb 和 Cu，但 Pb 和 Cu 矿床探明储量却远大于 Rb，这是由于 Rb 的地球化学性质接近 K，使其容易分散于含 K 的岩石中（构成类质同像代换）。其次，元素分布量会影响到工业品位要求的高低，地壳中平均含量越高的元素，通常其最低工业品位要求也较高。此外，还影响到构成矿床时元素所需富集倍数的大小，一般情况是，元素的平均含量越高，则构成矿床所需富集倍数越小，成矿可能性越大；还影响到矿床规模划分的标准，元素的平均含量越高，往往构成大型矿床时对其储量的要求也越高（表 1-1），而形成独立矿床的过程也越复杂，像克拉克值高的元素，如 Al、Fe、Mn、P 通过沉积作用即可形成，而克拉克值低的元素，如 Au、W、Sn、Mo、Be、Li、B 的矿床，通常需要长期反复的地质过程，在更特殊的条件下才能形成矿床；克拉克值低的元素通常成矿时代也较新，大多在古生代和中、新生代（如 Hg、Sb、W、Sn、Mo、Nb、Ta），而克拉克值高的元素成矿时代较早，如 Fe、Mn、Ni 等，但这种规律多有例外，因为元素分布量只是影响成矿与否的因素之一，而不是主导的因素，仅在一定条件下，对矿床形成过程和条件产生间接影响。影响矿床形成的直接原因是元素本身的地球化学性质和成矿的地质、物理化学条件。

二、元素本身的地球化学性质

原子或离子的电子壳层构型、离子半径、电价、电负性等，是影响元素分散与集中的内因。在一定的地质-物理化学条件下，不同类型的元素可以出现不同的地球化学行为，而地球化学性质相近的元素，可以呈现相似的地球化学行为，并在同一矿床中出现。在成矿作用过程中影响元素分散与集中的内因有：

元素分布量及其与矿床品位、储量、规模要求的关系 **表 1-1**

元素	克拉克值（重量%）	最低度工业品位	成矿所需富集倍数	世界探明储量（百万 t）	大型矿床储量要求
Fe	5.63	25%	4.44	800 000	>10亿 t
Al	8.23	40%（Al_2O_3）	2.4	10 000	>1 000万 t
Ti	0.57	钛铁矿≥15%	14.0	2 000	>10万 t
Cr	0.01	32%（Cr_2O_3）	1600.0	3 000	>100万 t
Cu	0.0055	0.4%	72.7	800	>50万 t
W	0.00015	0.16%	1066.7	3.0（WO_3）	>4万 t
Ag	7×10^{-6}	80~100（g/t）	571.6	0.2	>2 000t
Au	3×10^{-7}	3g/t	1000	0.035	>20t

1. 电子壳层构型　按电子壳层结构可分为惰性气体型离子（外层电子为8或2）、铜型离子（外层电子数为18）、过渡型离子（外层电子数为8~18）；大多数情况下，惰性气体型离子具亲氧性质，铜型离子具亲硫性质，过渡型离子具亲铁性质，而惰性气体离子不参与化学反应。

2. 离子电位　离子电位是衡量电场强度大小、表示吸引或排斥电荷能力的参量，它与离子电价（W）成正比，与离子半径（R_i）成反比，即离子电位 = W/R_i。离子电位的大小，可以衡量元素的酸碱性以及极化效应，可以表明形成络阴离子能力的高低。

3. 电负性　指原子在分子中吸引价电子的能力。元素的电负性愈高，则该元素的原子接受电子的能力愈强。因此，两个相互作用的原子，二者的电负性相差越大，则键的离子性百分率愈大，即愈易形成离子键，反之，则愈易形成共价键。

元素的地球化学性质在元素周期表中得到充分的反映，因此，在研究成矿过程中元素共生组合和迁移富集的规律时要灵活运用周期律。

三、成矿体系的物理化学条件

这是影响成矿过程中元素迁移富集行为的外在因素，如温度、压力、各种组分的浓度，pH值、E_h值，氧逸度f_0、硫逸度f_s以及生物和生物化学作用等。

由于成矿过程总是发生在一定的地质环境中，因此，地质环境必定会对成矿过程产生重大影响。这种影响往往是通过成矿体系物理化学特征的改变显示出来。

第六节　成矿作用和矿床成因分类

一、成矿作用简述

成矿作用是指将有用元素或有用组分从分散状态富集到可供人们开采利用程度的地质作用。按成矿作用的性质和能量来源，可分为内生成矿作用、外生成矿作用和变质成矿作用三大类。相应地可形成内生矿床、外生矿床和变质矿床。

（一）内生成矿作用

主要是指在地球内部热能作用下，导致矿床形成的各种作用。地球内部的热能包括：

放射性元素蜕变能、地幔及岩浆热能、在地球重力场中物质调节过程所释放的位能、地壳上部物质转入下部时在较高温度和压力下发生变化（如脱水、矿物转变）时所释放的热能。除与到达地表的火山活动有关的成矿作用外，其他的内生成矿作用都发生于地壳内部，是在较高的温度和压力条件下进行的，它包括岩浆成矿作用、高挥发分熔浆成矿作用（伟晶成矿作用）和热液成矿作用。

（二）外生成矿作用

指发生于地壳表层，主要在太阳能影响下，在岩石圈、水圈、大气圈和生物圈的相互作用过程中导致矿床形成的各种地质作用。除了太阳能外，也有部分生物能、化学能、火山地区地球内部热能提供了能源。外生成矿作用基本上是在温度、压力比较低的条件下进行的，它可进一步分为风化成矿作用和沉积成矿作用两大类。

（三）变质成矿作用

变质成矿作用的本质应属内生成矿作用的范畴。它是在地球内部热能的作用下，使已形成的岩石或矿床发生化学成分、矿物成分、物质性质和结构构造等方面的变化，导致某种有用矿物的富集或使原来的矿床经过了强烈的改造，成为具有另一种工艺性质的矿床的作用。变质成矿作用按成矿作用方式不同，可分为接触变质成矿作用及区域变质成矿作用。

二、矿床的成因分类

矿床的成因分类对指导矿业生产实践活动和进行矿床地质的科学研究均具有重要意义，一直是矿床的重要研究课题。因此，根据各种观点进行的矿床成因分类方案很多。本书采用以成矿作用为主要依据，结合成矿地质环境和成矿物质及其来源来划分矿床的成因类型。具体分类如下：

（一）内生矿床

1. 岩浆矿床

(1) 岩浆分异矿床

(2) 岩浆熔离矿床

(3) 岩浆喷发矿床

2. 伟晶岩矿床

3. 热液矿床

(1) 矽卡岩矿床

(2) 热液矿床

1) 侵入岩浆热液矿床

2) 与火山—次火山岩有关的喷气—热液矿床

3) 地下水热液矿床

（二）外生矿床

1. 风化矿床

(1) 残积坡积矿床

(2) 残余矿床

2. 沉积矿床

(1) 机械沉积矿床（砂矿床）

(2) 蒸发沉积矿床（盐类矿床）

(3) 胶体化学沉积矿床

(4) 生物—化学沉积矿床

(5) 火山沉积矿床

(6) 可燃性有机岩矿床

(三) 变质矿床

1. 接触变质矿床

2. 区域变质矿床

3. 混合岩化矿床

思 考 题

1. 矿产资源的概念与分类。
2. 矿石与岩石的异同点。
3. 矿石、脉石、夹石的概念。
4. 矿体、围岩的概念和关系。
5. 矿床成因类型和工业类型的概念。
6. 影响矿床形成的主要因素有哪些?
7. 成矿作用的概念及分类。

第二章 岩 浆 矿 床

第一节 概 述

岩浆矿床就是在岩浆分异和结晶过程中，使分散于岩浆中的有用组分聚集而形成的矿床。岩浆矿床主要是在地壳较深部位形成，少量可在近地表或地表形成。

岩浆矿床具有明显的成矿专属性，即每一种岩浆矿床均与一定类型的岩浆岩有密切的成因联系，且多与源于上地幔的超基性岩、基性岩有关。如铬铁矿矿床主要与含镁高的超基性岩有关；钒钛磁铁矿矿床主要与基性岩有关；金刚石矿床则与金伯利岩有关。这些超基性—基性岩及其杂岩体产生的地质条件与超壳深大断裂有关。

有些岩浆矿床与碱性岩有关，主要有霞石、磷灰石及稀有和稀土金属矿床。与花岗岩浆有关的岩浆矿床相对较少。

岩浆矿床的矿产十分丰富，绝大多数的铬、镍、铂族元素，金刚石以及钒、铁、钛、铜、钴、铌、钽和磷等，都与岩浆成矿作用密切相关。

第二节 岩浆矿床的成矿作用

岩浆矿床是在岩浆分异和结晶过程中形成的。促使成矿物质从岩浆中分异出来的作用主要有结晶分异成矿作用和熔离成矿作用。

一、岩浆结晶分异成矿作用

岩浆在冷凝过程中，各种组分由于结晶温度不同而按一定顺序结晶析出。这种按顺序结晶分离出各种矿物并使其富集成矿的作用称为岩浆结晶分异成矿作用。

岩浆结晶分异时，有用矿物的晶出有两种情况：

(一) 岩浆结晶时有用矿物较早地从岩浆中结晶出来

这些有用矿物如自然铂、钛铁矿、铬铁矿等。与此同时或稍晚结晶的硅酸盐矿物有含铁镁高的橄榄石、辉石、基性斜长石等。1. 这些矿物在重力及岩浆内部对流作用影响下，比重大的往下沉，比重小的往上浮，因而就在岩浆底部形成了暗色硅酸盐矿物和有用矿物的富集带，这种作用称重力分异作用。如一些关于超基性岩体底部或下部的似层状铬铁矿体，一般认为就是由于重力分异作用而形成的。2. 如果在岩浆结晶过程中，由于外动力作用及岩浆内挥发分的影响，使岩浆仍处于流动状态，在岩浆运动的过程中，就可以使早结晶的物质和比重大的液体集中于流动的通道附近或流动受阻力较大的地段，这种作用称为动力分异作用（或称流动分异作用）。如超基性岩中定向排列的铬铁矿矿条或矿带（图2-1），就是由这种作用形成的。

(二) 岩浆结晶时有用矿物较晚地从岩浆中结晶出来

如果岩浆中的挥发性组分如 H_2O、Cl、CO_2、B、F、S、P 等含量较高，岩浆内成矿元

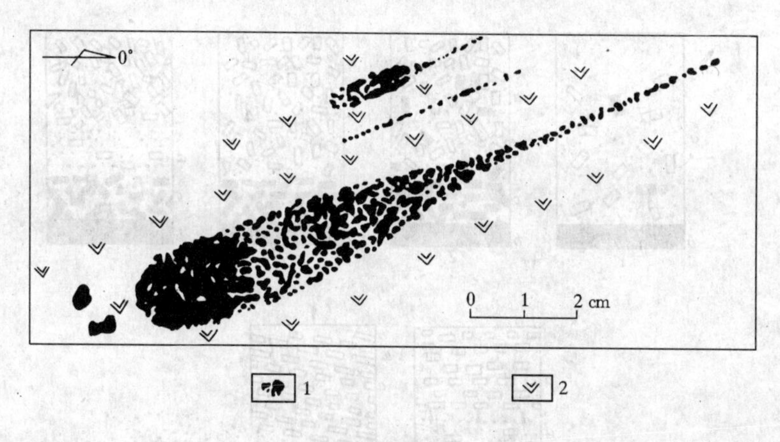

图 2-1 流动聚集铬铁矿（平面图）
1—铬铁矿；2—纯橄榄岩

素可与之化合形成易溶的化合物，从而大大降低了自身的结晶温度。它们在岩浆熔融体中一直残留到主要硅酸盐矿物结晶之后，逐渐在岩体内形成富含成矿物质的富矿残浆，并且最后从残浆中结晶出来，并出现以下三种情况：1. 如果富矿残浆比较快的冷凝结晶，它们一般充填在早期结晶的硅酸盐矿物颗粒之间，形成低品位矿石；2. 如果富矿残浆冷凝缓慢，由于富矿残浆比重大，可呈液态向下集中，而早期结晶的斜长石等硅酸盐矿物比重小而向上浮，这样便在下部集中形成矿体。如产于基性岩体下部的钒钛磁铁矿矿床就是这种作用形成的；3. 有时富矿残浆在外力作用下以及由残余挥发分造成的内应力的影响下，从硅酸盐颗粒间隙中挤出，并贯入冷凝的岩浆岩或围岩裂隙中去，形成脉状矿体。这种作用也称为压滤作用。大多数贯入式矿体都是由这种作用形成的。

岩浆结晶分异过程中，使有用组分聚集成矿的理想情况如图 2-2 所示。

二、岩浆熔离成矿作用

熔离作用也称液态分异作用。它是指在较高温度下的一种成分均匀的岩浆熔融体，当温度和压力降低时，分离成两种或两种以上互不混溶的熔融体的作用。由于岩浆熔离作用而使有用组分富集成矿的作用称岩浆熔离成矿作用。

岩浆熔离成矿作用在铜镍硫化物矿床的形成过程中表现最为明显。根据实验确定，基性、超基性岩浆中可熔解一定量的金属硫化物熔浆，其溶解度的大小在很大程度上取决于温度和压力。当温度不低于1500℃的基性硅酸盐岩浆中，尤其是富含挥发组分时，金属硫化物会发生某种程度的熔解；在距地表 25～50km 深度的超基性岩浆中硫化物的溶解度是地表附近的 2～5 倍。当温度一旦降低或熔体中挥发组分外逸或岩浆上升，都会引起硫化物溶解度的减小而发生熔离作用。除温度压力外，影响硫化物熔离的因素还有熔浆的成分变化，特别是 SiO_2、Al_2O_3、CaO、FeO 的含量变化，如岩浆中铁的存在能使硫化物的溶解度提高几十倍（媒介作用），当岩浆结晶时，铁能结合到硅酸盐矿物中去（橄榄石、辉石等），造成液态岩浆中 FeO 含量减少，Al_2O_3、CaO 含量相对增加。而 FeO 减少，Al_2O_3、CaO 增多会引起岩浆中硫化物溶解度的减小，使金属硫化物从硅酸盐熔浆中熔离出来。

在熔离作用进行的初期，熔离出来的硫化物熔体是呈分散的液滴状悬浮于硅酸盐熔体中。1. 若此时岩浆侵位深度较浅，冷凝又较快时，硫化物液滴来不及汇集沉入岩浆体底部，便在岩体内部一定的岩相带中形成由浸染状矿石组成的“上悬矿体”；2. 如若岩浆侵

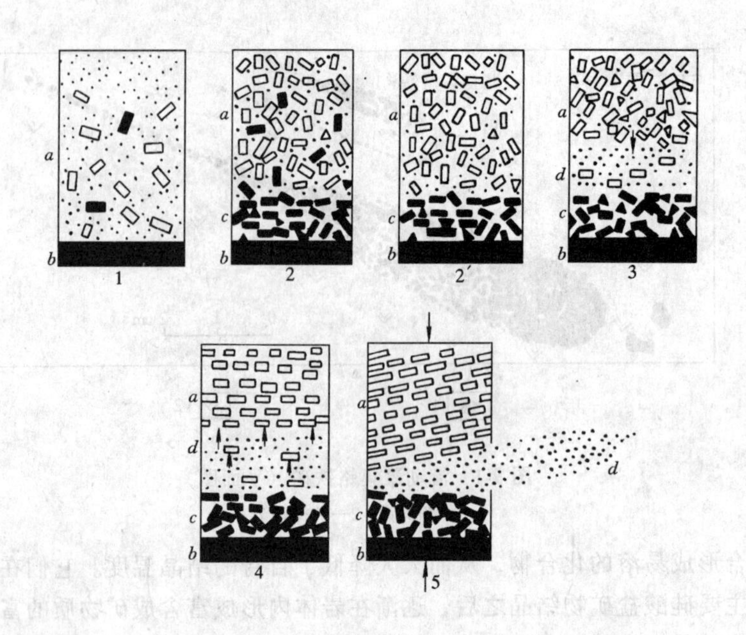

图 2-2　结晶分异及重力聚集理想模式

（据贝特曼原图修改和补充）

1—在冷凝带形成后，早期岩浆结晶；2—早结晶的铁镁质矿物和矿石矿物向下沉坠，随后结晶的硅酸盐矿物位于上部；2′—不同比重矿物按重力关系占据各自位置；如富含挥发组分，这时在硅酸盐晶体的间隙，就会被富含金属的残余岩浆所占据；3—含矿残浆向下（通过粒间空隙）集中；4—较晚结晶的、比重小的硅酸盐晶体向上漂浮，结果在下部形成矿体；5—受动力挤压流动的含矿残余熔浆被挤到裂隙中去，形成贯入矿体；*a*—基性岩浆结晶；*b*—冷凝带；*c*—铁镁质矿物；*d*—含矿残余熔浆

位较深，冷凝较慢，熔离出来的硫化物液滴可逐渐汇合、变大，并因比重较大而沉入岩浆体底部，形成浸染状和稠密浸染状的"底部层状矿体"（图 2-3）；3. 如果侵入体形成而硫化物熔体尚未凝固，在动力作用下也可贯入到岩体或围岩的裂隙中，形成贯入式的脉状、透镜状矿体（图 2-4）。

从上可知，由熔离作用产生的矿床，其规模大小与侵入体之规模成正比关系，即大岩体赋存大矿，而小岩体则只能熔离出小矿。但实际情况往往并非都是如此，有的岩体全是矿体，如吉林红旗岭镍矿七号岩体几乎 100% 为矿体，如此小的岩体怎能在其包含的岩浆中聚集出这样多的矿质呢？经研究，人们认识到它们是深部熔离形成的矿浆侵入至浅部形成的矿体。

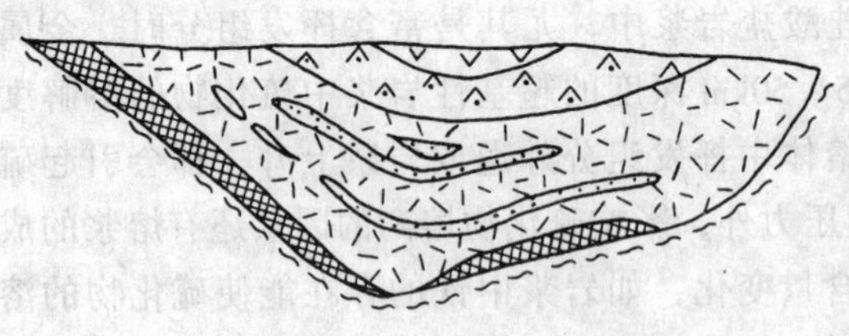

图 2-3　与基性、超基性岩岩盆有关的铜镍硫化物矿床（吉林）

1—辉长岩；2—辉岩；3—上悬矿体；4—片麻岩；5—橄榄岩；6—底部矿体

*三、岩浆喷发成矿作用

（一）岩浆爆发成矿作用　是指地下深处分异出来的含矿岩浆，在近地表爆发形成矿床的作用。最主要的是表现在金伯利

岩中金刚石矿床的形成作用。

据研究，天然金刚石的形成压力约是1200～1800℃和6000～7000MPa，这个条件相当于地下200～300km的深度。并且需要在很短的时间之内迅速地到达地表浅处，否则在它上升的过程中将被分解、熔蚀，而转化为石墨。

当金伯利岩浆在地下深处进行正常的结晶分异作用时，往往开始晶出橄榄石，少量铝镁铬铁矿、镁铝榴石和金刚石。当岩浆沿深断裂从深部向上运移（途中可与碳质围岩发生一定程度的混染，而促进金刚石晶体的生长），达到结晶基底的顶部或者有很厚沉积盖层的上部时，由于温度不断下降，橄榄石大量晶出，挥发分大量增加，内压力不断加大，便开始了岩浆的蒸馏作用，此时岩浆已处于爆发的前期。当内压力继续增大，上覆岩石盖层已无力抵挡岩浆的冲力时，岩浆便开始了猛烈的爆发。这时岩浆随挥发分把已结晶的金刚石、橄榄石等矿物和围岩捕虏体一起带入已形成的空间和裂隙中。这种爆发作用一般包括若干次反复的爆发期，每个爆发期的结果使岩层被冲破，已形成的火山通道被熔浆所胶结的爆发角砾岩所充填。因而通道常被堵塞，致使堵塞部分以下的压力再重新增高，当该压力达到极限时便又引起新的爆发。金刚石就是通过这种多次爆发作用而富集在火山爆发岩间或裂隙的某一部位。

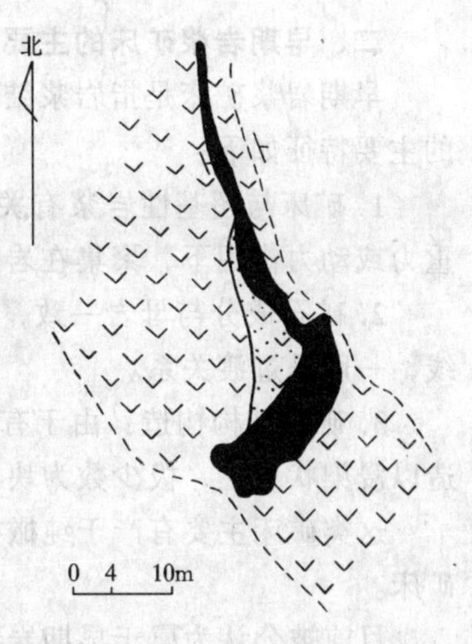

图2-4 硫化物（黑色）沿岩体的两组裂隙贯入（河北）

（二）岩浆喷溢成矿作用　是指地下深处分异出来的含矿熔浆（或矿浆），沿一定通道上移，经内力作用贯入到火山口的穹隆构造中，或喷溢至地表冷凝、堆积而成矿床的作用。这些含矿熔体或“矿浆”，有时是在喷发岩浆的间歇时期流出的，并可多次反复进行；有些则是在岩浆喷发后期溢出地面结晶的，它们多形成与火山岩共生的巨厚的层状或透镜状矿体。

第三节　岩浆矿床的成因类型和各类型的主要特征

一、成因类型

岩浆矿床按其形成环境、成矿作用的不同，可以分为以下类型：

岩浆分异矿床｛早期岩浆矿床；晚期岩浆矿床｝

岩浆熔离矿床

岩浆喷发矿床｛岩浆爆发矿床；岩浆喷溢矿床｝

一般认为，岩浆分异矿床是由岩浆结晶分异作用形成的，按其有用组分和硅酸盐矿物两者结晶时间先后，把这类矿床分为早期岩浆矿床和晚期岩浆矿床。

熔离矿床是由熔离成矿作用形成的。

岩浆喷发矿床是指那些经过（含矿的）岩浆的结晶分异或熔离作用以后，喷出地表或抵达近地表的岩浆，经直接结晶作用所形成的矿床，按成矿方式和成矿部位来看，可分岩浆爆发矿床和岩浆喷溢矿床。

二、早期岩浆矿床的主要特征

早期岩浆矿床是指岩浆结晶时，有用组分早于硅酸盐矿物结晶形成的矿床。这类矿床的主要特征如下：

1. 矿床与超基性岩浆有关，如纯橄榄岩、橄榄岩。矿体产于母岩体中，有用矿物在重力或动力作用下，聚集在岩体的底部及边部，呈似层状、瘤状、巢状、透镜状。

2. 矿石成分与母岩一致，仅是有用组分含量较高而已。矿体与母岩间没有明显的界线，一般呈过渡关系。

3. 矿石结构构造：由于有用矿物结晶早，常呈自形晶或半自形晶粒状结构。矿石构造以浸染状为主，极少数为块状构造。

这类矿床主要有产于纯橄榄岩、辉石岩中的铬铁矿矿床，产于纯橄榄岩中的铂族金属矿床。

目前被公认为属于早期岩浆矿床的为数极少。其中最著名的是南非（阿扎尼亚）布什维尔德铬铁矿床。我国宁夏小松山铬铁矿矿床也属此类。

三、晚期岩浆矿床的主要特征

晚期岩浆矿床是在岩浆冷聚过程的晚期阶段，在矿化剂的影响下有用组分晚于硅酸盐矿物而结晶形成的矿床。这类矿床的主要特征如下：

1. 矿体主要与基性、超基性岩有关。以重力方式成矿的矿体产于岩体下部，呈层状、似层状、透镜状，与围岩呈渐变过渡关系；贯入方式形成的矿体则呈脉状，与围岩界线一般较明显。

2. 矿石的矿物成分与母岩一致，但由于成矿过程中有部分挥发分参加，可见到含挥发性组分的矿物，如铬符山石及磷灰石、铬电气石等。

3. 由于有用矿物的晶出晚于硅酸盐矿物，因此金属物常呈他形晶或成为早期结晶矿物的胶结物（凝固在早期矿物粒间），构成海绵陨铁结构（图 2-5）。层状矿体的矿石构造以浸染状为主，贯入矿体的矿石构造以稠密浸染状和块状为主。

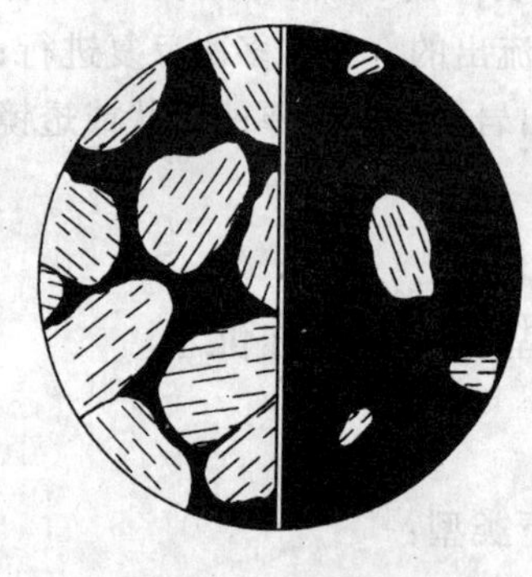

图 2-5 海绵陨铁结构-钒-钛磁铁矿呈他形晶充填于硅酸盐矿物晶粒之间

4. 由于挥发分作用，近矿围岩可具少量蚀变现象。本类矿床工业价值较大，主要有产于超基性岩中的铬铁矿、铂族金属矿床，产于基性岩中的钒钛磁铁矿矿床，产于碱性岩中的磷灰石、霞石、稀有和稀土金属矿床。

矿床实例—四川攀枝花钒钛磁铁矿矿床（见实训二内容）。

四、岩浆熔离矿床的主要特征

熔离矿床是熔离作用的产物，其特征集中地反映于铜镍硫化物矿床中，主要可归纳为下列几点：

1. 矿体主要产于基性岩和某些超基性岩中，有上悬矿体、底部矿体，呈层状、似层状、透镜状，与围岩的界线是渐变的，矿石一般具浸染状构造。贯入矿体多呈脉状、筒状及不规则状，与围岩的界线是明显的，矿石构造以块状为主，其次为角砾状、细脉状、浸染状和条带状构造。本类矿床金属矿物的结晶时间均晚于硅酸盐矿物，故矿石具海绵陨铁结构、他形粒状结构和交代结构等。

2. 矿石成分复杂，矿石矿物主要有磁黄铁矿、黄铜矿、镍黄铁矿，其次有黄铁矿、方黄铜矿、黑铜矿、闪锌矿和钴的硫化物等，并常含磁铁矿、铬铁矿、钯铂矿，自然金等。脉石矿物主要为母岩造岩矿物，橄榄石、辉石、角闪石等，并有蛇纹石、透闪石、绿帘石等热液蚀变矿物。

这类矿床具有重要的经济价值，它是铜、镍、铂族金属和钴的重要来源。我国甘肃、四川等省均有该类型矿床。

矿床实例—吉林红旗岭铜镍硫化物矿床（见实训二内容）。

*五、岩浆爆发矿床的主要特征

岩浆爆发矿床，由含矿岩浆的爆发作用形成。矿体常呈筒状、钟状、也有呈脉状充填于火山通道、火山角砾岩筒及火山穹隆构造中。围岩多为熔岩及火山碎屑岩。矿石以块状构造、角砾状构造为主。这类矿床主要有产于金伯利岩中的金刚石矿床。金伯利岩常以小岩体产出，呈岩筒者居多，少数也有呈岩脉出现。矿物成分主要是橄榄石、金云母、镁铝榴石、透辉石、顽火辉石、铬尖晶石、锆英石、金刚石、石墨等。金刚石以斑晶或基质形式呈浸染状分布于金伯利岩中，大小不等，分布不均。金伯利岩都产在稳定的地台区，从板块构造来看，主要和裂谷构造有关。

金刚石矿床主要分布在非洲各国，如南非（阿扎尼亚），坦桑尼亚、刚果和加纳等。我国的山东、辽宁和贵州等省也有此类矿床。

*六、岩浆喷溢矿床的主要特征

岩浆喷溢矿床是含矿熔浆（或矿浆），通过火山裂隙直接溢出地表冷凝、堆积形成的矿床。矿体多为似层状或凸镜状产于火山口外凹地或火山锥斜坡上，夹于火山岩层之中。矿石主要具块状构造，但也有少量的角砾状和浸染状构造。此外，矿石还具有火山岩的一些特点，如有流动构造，气孔构造和杏仁构造等。

思考题

1. 岩浆矿床的概念及其工业意义。
2. 岩浆矿床的成矿作用。
3. 岩浆矿床的分类。
4. 晚期岩浆矿床、岩浆熔离矿床的主要特征。

第三章 伟晶岩矿床

第一节 概 述

伟晶岩是指与一定的岩浆侵入体在成因上有密切联系、在矿物成分上相同或相似、由特别粗大的晶体所组成并常具有一定内部构造特征的规则或不规则的脉状体。伟晶岩的巨大矿物晶体往往是良好的非金属原料，同时，其中常常伴有高度富集的稀有元素。若伟晶岩中的有用矿物或金属元素富集达到工业要求时，便构成了伟晶岩矿床。

各种成分的深成岩浆岩体均可形成相应的伟晶岩，但是，最具工业价值、分布最广的伟晶岩是花岗伟晶岩，其次是碱性伟晶岩，其他伟晶岩一般不具工业价值。因此，下面主要介绍花岗伟晶岩。人们通常所说的伟晶岩矿床一般即指花岗伟晶岩矿床，这类矿床对于某些稀有金属元素，如锂、铷、铯、铍、钽等以及某些非金属矿产具有极其重要的意义。

第二节 伟晶岩矿床的基本特征

一、化学组成与矿物组成

花岗伟晶岩的物质组成有两个重要特点：1. 化学成分和矿物成分与其有关的花岗岩或混合岩基本一致，例如，在矿物成分上，石英、长石和云母等通常要占花岗伟晶岩总体积的90%~95%以上；在化学成分上，花岗岩的造岩元素（O，Si，Al，K，Na，Ca 等）是基本组分。2. 特别富集亲花岗岩的稀有金属元素。在花岗伟晶岩中，稀有元素 Li、Rb、Cs、Be、Nb、Ta、Zr、Hf 和稀土元素、放射性元素（U、Th）等，以及 B、F 等挥发分元素可比其相应的地壳丰度高出几十、几百乃至几千倍。能形成多种稀有元素矿物，较常见的稀有金属矿物，如锂辉石、锂云母、绿柱石、铯榴石、铪锆石、钍石、独居石、铌-钽铁矿、细晶石等；含挥发组分的矿物有电气石、黄玉、萤石等。

习惯上将单纯由长石、石英和白云母组成的伟晶岩称为简单伟晶岩；而含有 Li、Be、Nb、Ta 等稀有元素矿化的伟晶岩不仅矿物成分复杂，而且交代现象也十分明显和普遍，因此称为复杂伟晶岩，它往往是在简单伟晶岩的基础上发展起来的。

二、形态、产状和规模

伟晶岩的形态复杂，产状多样，可与围岩产状一致，也可切割围岩；与围岩关系既可渐变，又可突变。通常可发育脉状、透镜状、囊状、筒状及不规则状等多种形状，其中以各种规则或不规则的脉状占据主导地位。伟晶岩脉在走向和倾向上可以膨大、收缩，也可呈雁行排列和尖灭再现，构成侧列状、串珠状脉群。伟晶岩脉的大小差别很大，长由几米变化到几百米，厚度由几厘米变化到几十米，延深通常由几十到几百米。伟晶岩脉在三度空间上的延长并无一定的对应关系，地表又长又厚的脉并不一定延深就大，反之亦然。

三、结构、构造特点

矿物晶体粗大是伟晶岩有别于其他岩脉的重要特征之一，它常常比花岗岩中同种矿物大几倍、几十倍，甚至几千倍。例如，伟晶岩中已知最大的微斜长石重量达100t，绿柱石达32t，锂辉石晶体长达14m，黑云母面积达7m²，白云母达32m²。伟晶岩的粒级划分与一般的侵入岩不同，有其独特的标准：细粒为0.5～2cm，中粒为2～5cm，粗粒为5～15cm，块状体>15cm。伟晶岩具有两种独特的结构，一是以矿物结晶颗粒特别粗大为特点的伟晶结构；二是岩石中钾长石和石英呈有规律交生为特点的文象结构。各种交代结构在伟晶岩中也较常见。伟晶岩体的内部构造最重要的是带状构造，表现为一条伟晶岩脉从边部到中心其结构构造、矿化特征等呈有规律的带状排列。发育完好的带状构造一般可划分四个带（图3-1）：1. 边缘带：主要由细粒结构的长石石英构成，又称细粒结构带。该带厚度一般很小，从几厘米到十几厘米，形状不规则且不连续，一般不含矿。2. 外侧带：由文象结构和粗粒结构的长石、石英所组成，又称文象粗粒结构带。该带厚度较大，但不稳定。一般不含矿。3. 中间带：该带位于外侧带和内核带之间，主要由巨晶、块状的微斜长石和石英组成，厚度较大，连续性较好，又称块状长石—石英带。此带矿化发育，是稀有、稀土金属矿产及白云母、长石的富集地段。4. 内核带：形态常不规则，常位于伟晶岩脉中间，特别是其膨胀部分的中心，通常由石英块体或石英、锂辉石块体组成。在内核中心部位有时出现晶洞，并有宝石类矿物产出。

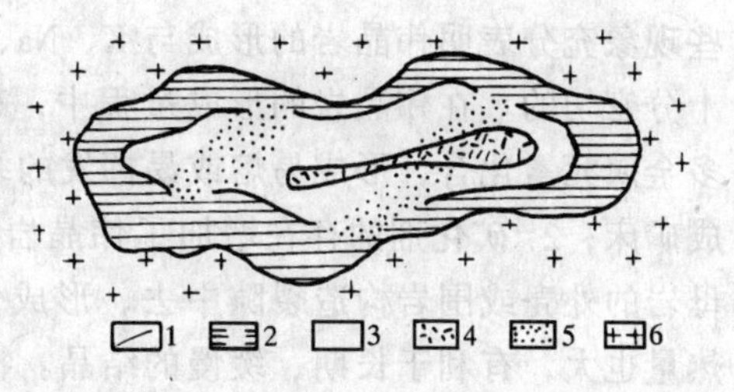

图3-1　伟晶岩体的带状构造示意图
（据C.F.派克）
1—边缘带；2—外侧带；3—中间带；4—内核带；5—裂隙充填和交代；6—花岗岩

四、分布特点

伟晶岩矿床在空间分布上常产于侵入体的上部及边缘部分，或产于侵入体附近的围岩中，距母岩很少超过2～3km。

第三节　伟晶岩矿床的形成条件

一、温度、深度及压力

发育完整的伟晶岩形成过程很长，其物理化学条件变化也很大。根据测温资料，伟晶岩的形成温度大约从700℃以下一直持续到100℃左右。其中，早期形成的长英岩带形成于700～600℃之间，伟晶岩主体形成于600～150℃，稀有金属矿化通常发生在500～300℃之间。理论和实践都证实伟晶岩产于3～8km甚至更深的条件下。通常认为，较大的深度有利于伟晶岩生成的原因主要有两个方面，一是较大的深度可使热量散失缓慢，从而利于体系长时间结晶作用的进行；二是较大深度造就的高压条件使钾、钠等碱金属及锂、铍等稀有金属可以大量溶解在熔体—流体或流体体系中，同时也使体系的挥发分得以长时间保留，从而有利于伟晶岩体的形成。

二、矿化剂的作用

在有工业价值的伟晶岩中碱质交代现象（如钾长石化、钠长石化、云母化、云英岩化等）通常十分普遍，而Li、Be、Nb、Ta等稀有元素矿化也往往在碱交代过程中发生。这些现象充分表明伟晶岩的形成与K、Na、H_2O、F、Cl、B、S、CO_2等矿化剂之间的关系是十分密切的。在伟晶岩的形成过程中，矿化剂的作用表现在三个方面：1. 矿化剂能与许多金属元素化合，形成易熔或易挥发的络合物，使它们能够在伟晶岩中发生高度富集，形成矿床；2. 矿化剂的存在增加了伟晶岩浆的内应力，在构造应力作用的影响下，侵入到母岩的外壳或围岩构造裂隙中去，形成伟晶岩脉；3. 矿化剂具有高热容，因此所携带的热量也大，有利于长期、缓慢的结晶。特别是在伟晶岩矿床作用的后期，由于矿化剂的更大量的集中，形成了气水溶液，对早期晶出的矿物发生强烈的交代作用。这种交代作用对稀有元素矿物的富集有很大的意义。

三、与混合岩—花岗岩的关系

与伟晶岩有关的花岗岩多呈岩基状产出，面积达数百平方千米以上。在通常情况下，花岗岩或混合岩体愈大，伟晶岩脉愈多，伟晶岩区也愈大。同一区域地质背景下的各种类型伟晶岩，在空间上常围绕与其有密切成因关系的花岗岩（或混合岩）体呈带状分布，这种带状分布的规律性自内带向外带表现为：

1. 脉体的规模越来越大，交代作用越来越强。交代作用的顺序表现为钾交代（钾长石化、白云母化）→钠交代（钠长石化）→硅、钾、锂交代（云英岩化、锂云母化、锂辉石化）。

2. 稀有元素愈来愈富集，其富集的基本顺序为：稀土→铌（钽）→铍→钽（铌）→铯、锂、铷、铯。通常锂、钽、铷、铯等多富集在最远离花岗岩、混合岩的外接触带中。

四、围岩条件

伟晶岩矿床均产于区域变质作用比较发育的地区，所以伟晶岩的围岩多为各种片岩、片麻岩、混合岩和花岗岩等。在未经变质的沉积盖层中以及火山岩盖层中，伟晶岩比较少见。

围岩的物理性质影响裂隙的性质及其发育程度，因而也影响到伟晶岩的产状和形态，块状岩石利于厚大的筒状、透镜状伟晶岩形成，片状岩石中伟晶岩虽可密集，但规模一般较小。围岩的化学成分对于伟晶岩的矿物和化学成分也有重要的影响，白云母伟晶岩多分布在泥质岩变质形成的含硅线石、蓝晶石等富铝的片岩中，显然，围岩中的氧化铝是形成白云母的重要来源；同样，含金云母的伟晶岩多产于夹有白云岩的变质岩系中，也是因为白云岩是镁的主要提供者。另一方面，围岩的化学成分还可影响某些元素的分散和富集，如围岩为石灰岩时，利于伟晶岩中锂的富集，可形成大量的锂辉石；围岩为富镁的岩石时，则由于锂可置换镁进入围岩的含镁矿物，从而使伟晶岩中的锂贫化。

五、地质构造条件

地质构造对伟晶岩的分布具有明显的控制作用。大量的资料表明，伟晶岩主要分布在褶皱带内的区域断裂带附近、古陆边缘或内部的基底出露区、或者不同构造单元的交界部位。沿着区域性断裂带，伟晶岩带延伸常达数十、数百甚至数千千米以上，宽度往往只有数千米到十几千米。

在大多数情况下，伟晶岩矿床的分布受褶皱带中的褶皱轴部、接触带内外、区域性断裂带等的次一级区域构造控制；矿床内的各伟晶岩体的分布则受各种断裂、裂隙、层理、片理、劈理等局部构造所制约。

第四节　伟晶岩及其矿床的形成作用

富含矿化剂和稀有元素的残余岩浆（伟晶岩浆），是岩浆在深处演化的产物。在内压力和构造应力作用下，残浆侵入到母岩或围岩裂隙中，缓慢的冷凝，经结晶作用和交代作用而演化成伟晶岩及其矿床。

一、结晶作用

结晶作用主要发生在伟晶岩矿床形成的早期，主要由于温度的降低，使组成伟晶岩的主要矿物长石、石英和云母以及一些稀有元素矿物绿柱石、铌钽铁矿等从伟晶岩熔浆中结晶出来。伟晶岩主体部分的结晶阶段是在比较稳定和相对封闭的系统内进行的。在矿化剂的参与下，随着温度的下降，伟晶岩浆可以产生结晶分异现象，分异作用进行得愈彻底，则愈易形成发育完好的带状构造伟晶岩。

二、交代作用

交代作用发生在伟晶岩主体形成的后期，由于矿化剂的进一步集中，继而交代了早期晶出的矿物。从交代作用发生之始，系统即由封闭系统逐渐转变为开放系统，同时会不断地得到母岩体深部分泌出来的气液的补充。后期交代作用形成了白云母化、钠长石化、锂云母化等。交代作用与稀有金属矿化密切相关，主要原因是：稀有金属元素常与 K、Na 等物质组成易溶络合物存在于溶液中，当交代作用发生时，K、Na 等物质析出而破坏了络合物的稳定性，因而促使稀有金属矿物的沉淀。当然，交代作用并不在所有伟晶岩矿床中都很发育，在有的伟晶岩体中，甚至没有交代作用的产生，这与伟晶岩矿床本身的组分、形成时的物化条件和地质条件有关。

此外，有人认为有些伟晶岩是由于混合岩化和花岗岩化形成的。混合岩化和花岗岩化作用，是在相当高的温度和相当大的压力条件下发生的，是区域变质作用进一步发展的产物。当这种作用发生时通常会出现广泛的流体相。其中有由岩浆演化或深部岩石重熔而产生的富含水和其他挥发组分的伟晶岩熔浆，它们可注入仍处于固体状态的变质岩基体中，也可与其发生交代作用或使其重结晶而形成伟晶岩。因此，认为这些伟晶岩是由沉积岩经深变质作用—花岗岩化作用而形成的。

第五节　伟晶岩矿床的成因类型及特征

不同学者从不同的角度、观点和标准对伟晶岩矿床提出了各式各样的分类，例如，有的按矿物成分复杂程度将伟晶岩分为简单的和复杂的；有的按工业意义将伟晶岩分为钨、锡、钽、铌-钽、锆、铪、铍、宝石、云母、长石等多种类型；有的按矿物结构、构造及其共生关系将伟晶岩分为等粒或文象结构的、块状的、完全分异带状构造的和稀有金属交代型的；还有的按有用组分不同将伟晶岩分为稀有金属伟晶岩、稀土金属伟晶岩、放射性元素伟晶岩、白云母伟晶岩、刚玉伟晶岩等。到目前为止，关于伟晶岩尚无一个分类方案被人们所公认接受。本书对伟晶岩矿床的分类，是以矿床的形成作用、形成条件为依据，按成分类型划分为以下三个主要类型。

一、残余岩浆结晶伟晶岩矿床

这类伟晶岩矿床是由残余岩浆的结晶作用形成，其化学成分、矿物成分均与母岩相同，故主要矿物是钾钠长石和石英，含少量浅色云母、电气石等。它常具文象和花岗结构，没有明显的交代作用迹象。大多数伟晶岩矿床为这种简单的伟晶岩矿床，是云母、长石矿床的主要类型。

二、交代伟晶岩矿床

这类伟晶岩矿床是在残余岩浆的结晶作用、混合岩化作用等形成简单伟晶岩的基础上，进一步为后来的矿化气化热液所交代而形成的交代伟晶岩矿床，也即为复杂伟晶岩矿床。这类伟晶岩矿床的特征是可见发育完全的带状构造，常有巨大的开放空洞（洞内有结晶物质组成的晶簇）和大量小晶洞。矿物成分复杂，含大量稀有金属矿物。

交代伟晶岩矿床是水晶、光学萤石、宝石（黄玉、海蓝宝石、电气石、石榴石、紫水晶)、锂、铍、铯、铷等矿床的主要类型，有时也成为锡、钨、钍、铀、铌、钽、稀土等矿床的一种类型。在我国江西、福建、新疆等地均有分布。

三、与混合岩有关的伟晶岩矿床

这类伟晶岩矿床系由混合岩化作用形成。多产于混合岩地区（混合花岗岩、眼球状混合岩和各种混合片麻岩），脉体厚度一般小于 1m，最厚可达 10～20m，沿走向约 30～50m 内即尖灭，个别可达 100～200m。伟晶岩体与围岩无明显的界线，多为逐渐过渡。附近常无大的侵入体或离侵入体很远，伟晶岩的形成与岩浆侵入体无明显的成因联系。伟晶岩中矿物成分简单，主要由微斜长石、更长石、石英、黑云母等组成，有时有白云母，次为磁铁矿、石榴石以及稀土元素矿物和铌钽矿物等。在围岩中也有上述矿物，只是数量少。

本类型伟晶岩矿床也是白云母矿床或稀土元素矿床的一种类型，在我国东北、西北、四川等地区都有此类矿床。

思 考 题

1. 伟晶岩矿床的一般地质特征。
2. 伟晶岩矿床形成的地质条件及这些条件对矿床形成的影响。
3. 伟晶岩矿床形成的物化条件、矿化剂的作用。
4. 残余岩浆结晶伟晶岩矿床的概念、矿床地质特征及有关的矿产。
5. 气液交代伟晶岩矿床的概念、矿床地质特征及有关的矿产。

第四章 热 液 矿 床

第一节 概 述

气水热液是指具有一定温度和压力的气态和液态溶液。它在临界温度以上时为气态，当温度下降至临界点以下时则呈液态（纯水的临界温度为374℃）。在高温情况下，气、液两态往往同时存在，故称之为气水热液，简称“热液”。因为气水热液中常含有各种成矿元素，故又称含矿热液，也可称为“热流体”。

气水热液矿床是指含矿气水热液在各种不同的地质环境中运移时，随着物理化学条件（温度、压力、浓度等）的不断变化，在有利的地质条件下，成矿组分通过交代围岩或充填于围岩的裂隙中，使有用组分发生聚集所形成的后生矿床。这类矿床的特点是：1. 成矿物质的迁移富集与热流体的活动有关，特别是与热液作用有关；2. 成矿方式主要是通过充填或交代作用；3. 在成矿过程中往往伴有不同类型、不同程度的围岩蚀变；4. 成矿作用往往受到围岩岩性和构造条件的控制或影响。

气水热液矿床类型繁多，自然界很多矿产金属矿产中如钨、锡、铋、钼、铜、钴、铅、锌、锑、汞、砷、铍、铟、镓、铀、金、银等及部分铁；非金属矿产有萤石、重晶石、石棉、水晶、冰洲石、菱镁矿等，它们在国防工业和国民经济建设等方面都具有重要意义。

第二节 热液成矿作用

一、成矿热液及矿质的来源

成矿热液的来源是多方面的，岩浆活动、变质作用及地下水都可以形成。但对于矿床的形成来说，最重要的还是与岩浆活动有密切关系的含矿热液，它是在岩浆结晶过程中从岩浆中释放出来的水，原本是岩浆体系的组成部分。由岩浆水构成的热液常含有 H_2S、HCl、HF、SO_2、CO、CO_2、H_2、N_2 等挥发性化合物，具有很强的搬运金属络合物的能力。

含矿热液中的矿质来源可分为三类：

1. 来自同生热液和变质热液

同生热液和变质热液可以携带熔解的成矿物质。例如，原来沉积物中含有铅锌，在建造水（指沉积物沉积时含在沉积物中的水，又称封存水）释放过程中这些被熔解的金属组分也会随之带出。

2. 来自热液渗滤的围岩

热液沿围岩的裂隙、孔隙渗滤、运移时，可以和围岩中组分发生反应，通过水—岩反应，一部分物质熔解，使热液中金属组分含量升高，并使围岩中原有金属元素的含量减小。

3. 来自岩浆热液

当岩浆结晶时常有流体相析出，这些流体（气、液或超临界流体）可以熔解、搬运金属化合物，并提供热液矿床物质来源。由于许多金属阳离子，如 Fe^{2+}、Fe^{3+}、Cu^{+}、Cu^{2+}、Pb^{2+}、Zn^{2+} 等易形成氯络合物，因此，热液和岩浆中 Cl^{-} 的浓度高低与热液形成矿床的能力有一定关系。其他挥发性组分，如 CO_2、CO、H_2S、SO_2、HF 等与岩浆热液的含矿性也有关系。

二、成矿物质的迁移形式及其沉淀的原因

大量实际资料和深入的理论研究证实，在热液矿床形成过程中，金属成矿元素主要呈络合物形式搬运。在自然界中很多元素都可以构成络合物的组成部分，如某些离子电位高的金属阳离子（Fe^{3+}、Fe^{2+}、Be^{2+}、Nb^{5+}、Ta^{5+}、W^{6+}、Sn^{4+}、Mo^{4+}、Mo^{6+} 等）构成中心阳离子（或称络合物形成体），一些阴离子或离子团（如 F^{-}、Cl^{-}、HS^{-}、HCO_3^{-}、OH^{-}、O^{2-}、S^{2-}、SO_4^{2-}、CO_3^{-} 等）构成配位体，而碱金属阳离子则构成外配位体；不同的络合物可在各种地质-物理化学条件下出现。络合物比简单化合物的溶解度大许多倍，可以搬运大量成矿物质。一些有关的成矿实验也支持金属矿物质主要呈络合物形式被搬运的观点。

进入络阴离子中的金属元素，可以具有与简单阳离子完全不同的化学特性，在水溶液中是比较稳定的，其稳定性取决于络阴离子离解能力的大小。络阴离子离解能力越强，则络阴离子越不稳定，因而这时在溶液中出现简单的金属离子也越多，这些金属离子就会通过化学反应形成难溶的化合物而沉淀下来。由于元素络合物在溶液中的稳定性不一样，因此它们迁移能力也就各不相同，结果导致在矿床中元素的分离和在空间上的分带性。

在热液矿床形成过程中，由于热液体系物理化学性质的变化，造成络合物稳定性的破坏，使金属元素及其化合物沉淀、析出。引起热液中成矿物质沉淀的因素和条件有很多，但主要有：

1. 温度

有些络合物只在较高温度下稳定，而在低温下分解，例如 $(PbCl_4)^{2-}$，当温度从200℃降低到100℃时，其稳定性变化不大，而从100℃降至90℃时，可导致 5×10^{-6} 的 Pb 沉淀析出，如下式所示：

$$PbS + 4NaCl \underset{低温}{\overset{高温}{\rightleftharpoons}} 4Na^{+} + (PbCl_4)^{2-} + S^{2-}$$

2. pH 值

许多易溶的络合物只在一定的 pH 值范围内才稳定，当 pH 值超过一定的范围时，就可导致这些络合物的分解或沉淀。如 $[UO_2(CO_3)_3]^{-4}$（三碳酸铀酰）只在 pH 值为 7.2 时稳定，而 pH 值增加或减少都将引起沉淀。又如硫络合物（如 Na_3AsS_3）在碱性溶液中稳定，若 pH 减小，则可发生沉淀。

3. 压力变化

通常，当热液体系的压力降低时，H_2O、CO_2 等挥发分在热液中的溶解度减小，从而降低体系中 S^{2-}、$[CO_3]^{2-}$ 的浓度，促使含有 S^{2-}、CO_3^{2-} 等的络合物稳定性降低，使金属阳离子析出，如：

$$Na_3 [Ce (CO_3)] \longrightarrow Ce^{3+} + 3CO_3^{2-} + 3Na^+$$

4. 氧化还原作用

如以 U^{6+} 为中心阳离子的络合物与围岩中的 Fe^{2+} 作用，被还原为 U^{4+} 时，络合物分解，产生晶质铀矿：

$$[UO_2 [CO_3]_2 (H_2O)_2]^{2-} + 2FeCO_3 + 2OH^- \longrightarrow UO_2 + Fe_2O_3 + 4HCO_3^- + H_2S$$

5. 与围岩反应

如 W^{6+} 为中心阳离子的络合物与围岩反应，生成钙钨矿：

$$R_2WO_4 + CaCO_3 \longrightarrow CaWO_4 + R_2CO_3$$

因此，白钨矿经常生成于碳酸盐围岩中。

6. 不同来源热液的混合

由于不同来源的热液，其物理化学性质及成分常有明显差别，当它们混合以后，可改变热液的成分，破坏热液的化学平衡，促使发生化学反应而生成矿物沉淀。

7. 水解

一些高价阳离子络合物在较高温度下，常发生水解反应，生成氧化物或氢氧化物的沉淀：

$$2Na_3FeCl_6 + 3H_2O \rightleftharpoons Fe_2O_3 + 6NaCl + 6HCl$$

上述的各种原因，都能引起热液中成矿物质的沉淀。

三、成矿方式

含矿气水热液的成矿方式一般分为充填与交代两种。

1. 充填作用

当含矿物热液在化学性质不活泼的围岩中流动时，因物理化学条件的改变，使热液中成矿物质沉淀于已有的各种裂隙和孔隙中，这种作用称为充填作用，以这种方式形成的矿床即为充填矿床。在充填矿床形成过程中，成矿溶液与围岩间化学反应较弱；矿床中常出现一些特征的矿石构造，如梳状构造、晶簇状构造、对称带状构造、皮壳状构造、角砾状构造、同心圆状构造等（图 4-1）；矿体与围岩的接触界线规则、突变，矿脉两壁平直；矿体中矿物沉淀的顺序，通常从孔隙的两壁向里面生长，其发育的结晶面指向供应溶液的方向；不存在明显的交代作用现象。

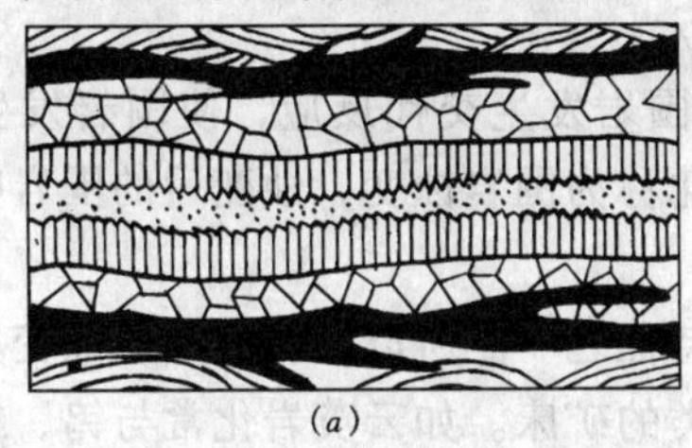

(*a*)

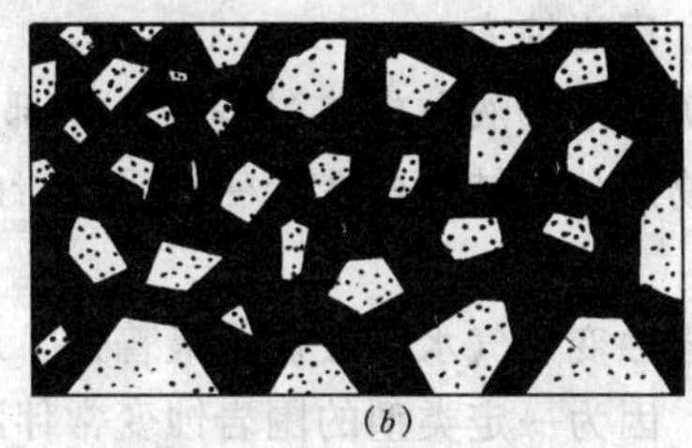

(*b*)

图 4-1 充填矿床中常见的矿石构造

(*a*) 梳状构造；(*b*) 角砾状构造

2. 交代作用

含矿热液在化学性质活泼的围岩（如石灰岩、白云岩等）裂隙中流动时，与围岩发生化学反应，使原有矿物或组分在被熔解带走的同时代之以新矿物的沉淀。这种物质成分的相互置换作用称为交代作用。由交代作用形成的矿床称为交代矿床。

在交代作用进行过程中，原有矿物的溶解、带出和新矿物的形成几乎是同时进行的，因此，交代作用是在岩石始终保持固体的状态下完成的，而且在交代作用的前后，岩石体积保持不变。交代作用生成的矿物可能保持原有被交代矿物的形态和原来岩石结构构造的细节特征。

交代作用可分两种类型，(1) 扩散交代作用：交代发生于停滞的溶液内，主要以离子或分子扩散方式进行，即组分的带出和带入是由于浓度梯度所引起的；(2) 渗滤交代作用：交代作用发生于流动的溶液中，即组分的带出、带入是由流经岩石的溶液来进行的，这种交代作用常常更重要。渗滤交代作用是由于溶液中组分与围岩中组分发生了化学反应，并且由于热液不断地运移，使热液-围岩处于不平衡状态所引起。交代矿床的鉴别标志是交代作用的产物保持原岩的矿物假象和结构、构造特点（如层理、化石、片理、角砾构造、褶皱构造等），可以见到未消化的围岩残留体，矿体外形不规则，出现穿切层理的完好晶体，出现两壁不相对应、“不配套”的矿脉，矿体与围岩边界可以逐渐过渡（图4-2）。

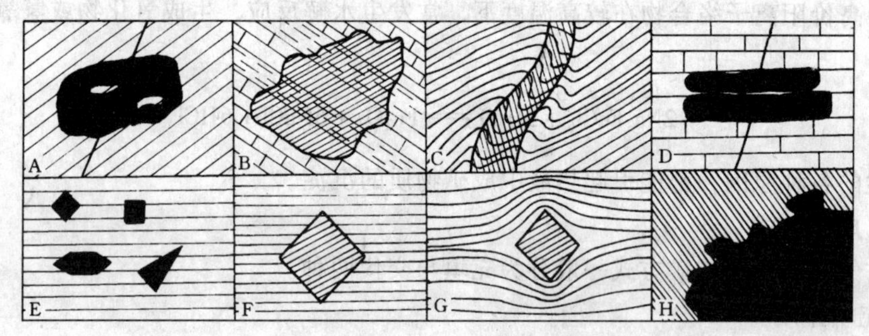

图 4-2 交代式矿床中常见的矿石构造和交代矿床的特征

（Beteman，1979）

A—矿体中呈悬挂状的围岩残留体；B—矿体中保留原来围岩的层理；C—保留原来围岩的褶皱构造；D—沿层理交代生成的矿体；E—晶形很好的晶体（穿切层理者明显为交代成因）；F—交代成因的变斑晶；G—非交代成因的变斑晶；H—交代成因矿体外形不规则

四、围岩蚀变

含矿气水热液在成矿过程中，一部分物质与围岩发生交代反应，使围岩发生化学成分、矿物成分及结构构造的变化。围岩的这种变化称为围岩蚀变，蚀变后的围岩叫蚀变围岩。

围岩蚀变是气水热液矿床最普遍、最重要的特征之一。所以，研究围岩蚀变具有重要的意义，因为一定类型的围岩蚀变常伴随一定种类的矿床。如云英岩化常与钨、锡、钼等矿床有关。同时围岩蚀变的范围往往比矿体大得多，在找矿时易于被发现。因此围岩蚀变是一种重要的找矿标志。

蚀变岩应全部由蚀变矿物组成，这些蚀变矿物之间没有交代关系，几乎是同时形成的，具有变晶结构，如矽卡岩、云英岩、青盘岩、钠长岩、石英钠长岩、钾长岩等。如果原岩未被完全交代，仍有原生矿物残留，具变余结构，则可称为×××化岩，如云英岩化花岗岩、青盘岩化安山岩、绿泥石化闪长岩、钠长石化花岗斑岩等。影响围岩蚀变的主要因素有原岩的物理化学性质、热液体系的物理化学特征（如各种组分的活度、pH、E_h、温度、压力等）。

常见的围岩蚀变类型如下：

1. 矽卡岩化　在中酸性侵入岩与碳酸盐岩石的接触带及其附近，经过高温气水溶液的交代作用，形成了由石榴石、透辉石、阳起石、透闪石、绿帘石等矿物组成的蚀变岩石，这种围岩蚀变称为矽卡岩化。

与矽卡岩化有关的矿产主要有铁、铜、铅、锌、钼、钨等。

2. 云英岩化　酸性侵入岩受高温气水热液交代作用，其中的钾长石、斜长石分解为石英和白云母。这种蚀变称为云英岩化。

与云英岩化有关的矿产有钨、锡、钼、铋、铌、钽、锂等。

3. 钾长石化（简称钾化）　原岩主要为酸性花岗岩（次为火山岩）。钾长石化是钾质交代的产物，即由热液向围岩带入大量钾质而引起的蚀变。钾质长石包括有很多种类，有正长石、微斜长石、透长石、冰长石等，这些长石在成分几乎完全相同，不易区别，故统称钾长石化。钾长石化是重要的围岩蚀变，它主要发生在热液的气化高温阶段，也可在低温阶段出现，在低温阶段则表现为冰长石化。

与钾长石化有关的矿产主要有钨、锡、铍、铌、钽、铜、钼等；冰长石化与金、银、铜、铅、锌矿化有关。

4. 绢云母化　主要是由中酸性岩浆岩或片麻岩受中温热液作用，其中的长石类矿物被置换成绢云母的蚀变现象称绢云母化。

与绢云母化有关的矿产有铜、钼、铅、锌、金等。

5. 硅化　中酸性岩浆岩、片麻岩及碳酸盐岩等，在富含硅质的热液作用下，使岩石中 SiO_2 含量增高（表现为石英或蛋白石增多），岩石变坚硬的蚀变现象称为硅化。在高温条件下形成的硅化岩石主要由石英组成，这种蚀变称石英化。在低温条件下形成隐晶质的石髓和非晶质的蛋白石时，则分别称为石髓化和蛋白石化。

与硅化有关的矿产主要有钼、铜、铅、锌、金、锑、汞等。

6. 青盘岩化　青盘岩化主要是中基性火山岩（安山岩、英安岩、玄武岩等）受中低温热液蚀变而成。也可发生在弱酸性火山岩和次火山岩等浅成侵入体中。组成青盘岩的主要矿物有：绿泥石、碳酸盐矿物（方解石、白云石、铁白云石、菱铁矿等）、黄铁矿、绿帘石、黝帘石、钠长石、绢云母和石英等。因有大量的绿泥石、绿帘石等绿色矿物，故使原岩变为各种青绿色。

与青盘岩化有关的矿产主要有铜、铅、锌、黄铁矿、金、银等。

7. 明矾石化　明矾石化是一种典型的低温热液蚀变。在近地表条件下，当含硫的热液与硅铝酸盐类矿物作用时，便能产生明矾石化。明矾石化主要发生在酸性或弱酸性火山岩中。

与明矾石化有关的矿产有金、铜、铅、锌、黄铁矿、明矾石等。

五、热液矿床的矿化期、矿化阶段及分带性

一个矿床形成的时间是很长的，气水热液矿床也是在一个相当长的地质时期内，经含矿热液多次作用而形成的。因此，这类矿床中常表现出多期多阶段的成矿特征。

1. 矿化期

矿化期代表一个较长的成矿作用过程，它是根据成矿体系物理化学条件的显著变化来确定的，也就是说不同成矿期形成的热液矿物，其形成的物理化学条件有明显差别，例如矽卡岩矿床，一般出现矽卡岩期：以气相高温热液为主，相应地出现以气相高温交代的硅酸盐和氧化物组合为主；石英—硫化物期：以中低温热液为主，相应地出现含水的硅酸盐和硫化物为主。不同成矿期形成的围岩蚀变、矿物组合、伴生组分、矿石结构构造，甚至矿体形态、产状都可能有明显差别。

2. 矿化阶段

为成矿期内进一步划分的较短的成矿作用过程，它常紧密地与热液的演化、构造裂隙的阶段性发育以及与此有联系的间歇性热液活动有关。每一个矿化阶段代表一次构造—热液活动，矿化阶段的主要标志是：(1) 交截矿脉：早阶段生成的矿脉被晚阶段矿脉所交截，并使早阶段矿脉错动；(2) 晚阶段生成的矿物集合体构成细脉，穿切了早阶段矿物组成的脉体，并产生不同程度的交代作用；(3) 早阶段生成的矿物或矿物集合体破碎成角砾，并被晚阶段生成的矿物集合体所胶结；(4) 晚阶段生成的矿物集合体交代早阶段形成的矿物集合体；(5) 矿脉内或矿体内出现不对称条带状或条纹状平行矿脉或交切矿脉，条带或条纹中矿物属于晚阶段产物。

除上述5种主要标志外，不同矿化阶段的矿物或矿物集合体的成分、结构、晶型、颜色、分布规律或其他特征可有明显不同；不同矿化阶段产生的围岩蚀变可有一定的差别；不同矿化阶段含矿裂隙的力学性质、分布、产状也可有一定差别；不同矿化阶段元素对的相关性和特征的元素组合亦可有所不同，如江苏大平山铜矿，主成矿期早矿化阶段 Zn-Cu 具有正相关性，而晚阶段 Zn-Cu 呈负相关性。这些都可以作为划分矿化阶段的辅助标志。

矿化阶段的正确划分对于查明有用组分的分布规律、预测深部矿体、认识成矿条件和成矿过程等很重要，是野外和室内进行矿床研究的主要工作内容之一，具有较大的理论和实际意义。

3. 热液矿床的分带性

热液矿床的分带性是指彼此有一定成因联系的成矿元素矿物、矿物组合在同一矿体中或矿床中空间分布的规律性，或者指在一定的区域范围内不同类型的矿床在空间上分布的规律性。

分带性不仅局限于热液矿床中，在其他类型的矿床中也存在，但热液矿床的分带性往往更明显、更复杂。

按规模和级别的不同，分带性可划分为以下三类：

(1) 区域分带性

指在较大范围的构造岩浆活动带或构造单元中，在成因上有联系的矿床或矿床类型在空间上分布的规律性。如宁芜地区的中生代火山盆地，自东向西与火山一次火山作用有关的矿床呈现明显的分带性，东缘为黄铁矿—铜矿带，中部为铁—黄铁矿带，西缘为铜—金矿带。区域分带性主要受成矿区域构造——岩浆和地球化学背景的控制，是区域成矿学研

究的主要内容之一。通常在矿床地质研究中不列为重点。

（2）矿田分带性

指在成因上有联系的矿床所组成的矿田中，具有不同矿化特征的矿床在空间上分布的规律性，如河南三道庄南泥湖—上房矿田中，在近花岗斑岩出现 Mo、Mo(W)矿床，向外围为 Pb-Zn-S-Mo 矿床。

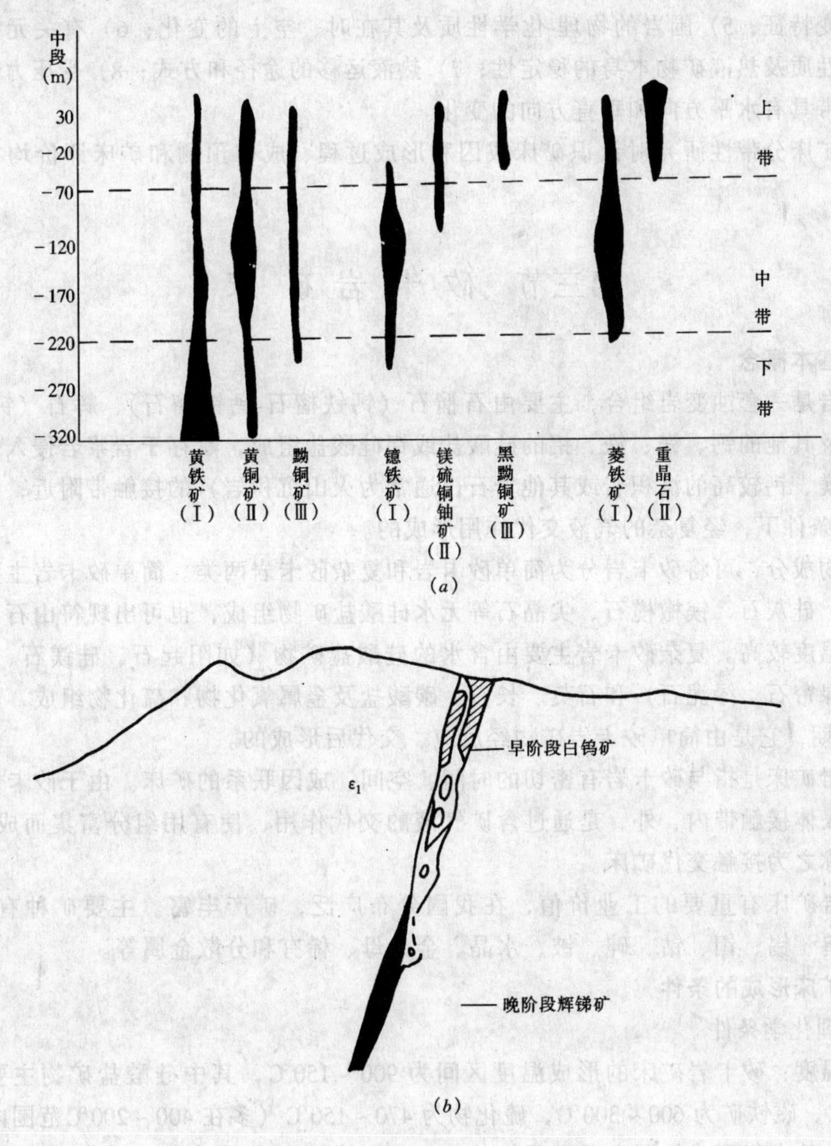

图 4-3 热液矿床的脉动分带示意图

（a）正向脉动分带（铜井铜金矿）；（b）逆向脉动分带（湘西廖家坪钨锑矿）

（3）矿床或矿体分带性

指矿床和矿体沿水平和垂直方向上物质组分（元素、矿物、矿物组合）在空间上变化的规律性，如赣南钨矿床上部富钨、锡、铍，下部硫化物含量增加，深部常有铌、钽、稀土矿化。

矿田和矿床、矿体中的分带现象主要受以下因素控制：1）成矿热液和成矿物质的来源；2）成矿前裂隙系统的布局和成矿期间构造运动的发展、演化特征，如当含矿裂隙从深部向上发展时形成顺向脉动分带（图 4-3（*a*）），当含矿裂隙由浅向深部延展时，则形成逆向脉动分带（图 4-3（*b*））；3）与成矿有关的侵入体周围或地热系统的温度梯度及其随时间的变化；4）成矿热液各种组分的浓度（或活度）及其他物理化学性质在时间、空间上的演变特征；5）围岩的物理-化学性质及其在时、空上的变化；6）有关元素本身的地球化学性质及热液矿物本身的稳定性；7）热液运移的途径和方式；8）受压力变化的影响等。分带具有水平方向和垂直方向的变化。

热液矿床分带性研究对认识矿床成因和形成过程、成矿预测和矿床评价均有很大意义。

第三节　矽 卡 岩 矿 床

一、基本概念

矽卡岩是一套蚀变岩组合，主要由石榴石（钙铁榴石-钙铝榴石）、辉石（钙铁辉石-透辉石）及其他的钙、镁、铁、铝的硅酸盐或铝硅酸盐组成，赋存于岩浆岩侵入体与碳酸盐岩及含镁、钙较高的沉积岩或其他岩石（通常为火山沉积岩）的接触带附近，大多生成于中-浅成条件下，经复杂的气液交代作用形成的。

按矿物成分，可将矽卡岩分为简单矽卡岩和复杂矽卡岩两类。简单矽卡岩主要由石榴石、辉石、硅灰石、镁橄榄石、尖晶石等无水硅酸盐矿物组成，也可出现符山石、方柱石等，形成温度较高。复杂矽卡岩主要由含水的硅酸盐矿物（如阳起石、硅镁石、透闪石、金云母、绿帘石、绿泥石）和石英、长石、碳酸盐及金属氧化物和硫化物组成，形成于高-中温热液期，它是由简单矽卡岩矿物经反应、交代后形成的。

矽卡岩矿床是指与矽卡岩有密切的时间、空间、成因联系的矿床。由于矽卡岩矿床常出现于侵入体接触带内、外，是通过含矿气液的交代作用，使有用组分富集而成的矿床，因此，也称之为接触交代矿床。

矽卡岩矿床有重要的工业价值，在我国分布广泛，矿产丰富。主要矿种有铁、铜、铅、锌、钨、锡、钼、钴、砷、铍、水晶、金云母、稀有和分散金属等。

二、矿床形成的条件

1. 物理化学条件

成矿温度：矽卡岩矿床的形成温度区间为 900～150℃，其中硅酸盐矿物主要形成于 700～300℃，磁铁矿为 600～300℃，硫化物为 470～150℃（多在 400～200℃范围内）。

压力：矽卡岩形成的深度通常不超过 3～4km，但有的含钨矽卡岩可在 4～6km 深度下形成。大多数矽卡岩形成于中—低压力条件下（中深至中浅成环境）。这是因为石灰岩（$CaCO_3$）只有在此深度条件下才能分解为 CO_2 和 CaO，CaO 与 SiO_2 等反应形成矽卡岩矿物，同时析出 CO_2。在深成环境中，$CaCO_3$ 则不易分解，因而不能或不易逸出 CO_2，矽卡岩矿物就难于形成。

除温度、压力外，热液体系的氧逸度、pH、二氧化碳逸度和硫逸度也是影响矽卡岩矿物成分、矿物组合特征和制约矿床形成过程的重要参数，例如，在高氧逸度条件下形成的矽卡岩型钨矿床中含钼较高，而在低氧逸度条件下形成的矽卡岩型钨矿床中含锡较高。

2. 地质条件

(1) 岩浆岩条件

有利于矽卡岩矿床形成的岩浆岩，主要为中酸性侵入体，按其化学性质可分为两大系列：1）正常系列（钙碱性系列）如花岗岩—斜长花岗岩—花岗闪长岩—石英闪长岩—闪长岩；2）碱性系列如碱性正长岩—花岗正长岩—石英二长岩—二长岩。其中以前一系列与矽卡岩矿床关系密切。据统计，与闪长岩有关的矽卡岩矿床占59%，与花岗岩有关的占37%，与正长岩、基性岩等有关的矽卡岩矿床一般较少，约占4%。

与矿化有关的岩体常是多期多阶段形成的复式岩体，岩体侵位深度大多较浅，常具斑状—似斑状结构，捕虏体较多，残留围岩顶盖。侵入体规模一般小于（$1 \sim n$）$\times 10km^2$，如我国与矽卡岩铜矿有关的岩体有80%出露面积小于$10km^2$。

(2) 围岩条件

矽卡岩矿床形成最有利的围岩是碳酸盐岩，如石灰岩、白云质灰岩、白云岩、泥灰岩等。其次是火山岩，如安山岩、英安岩和凝灰岩等。碳酸盐岩石因化学性质活泼、易溶、性较脆，有利于含矿溶液的流通并交代成矿床。一般来说，厚层的、成分单一的石灰岩往往不利成矿，而薄层碳酸盐岩石或成分不纯的碳酸盐岩石，如泥质灰岩、白云质灰岩、含有机质灰岩等对成矿比较有利，特别是薄层灰岩和物理、化学性质有明显差异的火山岩或与页岩互层时常常是富矿赋存的场所。

围岩的化学成分对矽卡岩矿物组合有重要影响。在富钙质的碳酸盐岩和其他岩石中，出现以钙质系列石榴石和辉石为特征的钙质矽卡岩；而在镁质碳酸盐岩中，出现以镁橄榄石、透辉石、尖晶石为特征的镁质矽卡岩，常含有顽火辉石、紫苏辉石，复杂矽卡岩矿物和晚期热液矿物以硅镁石、金云母、蛇纹石、滑石、富镁硼酸盐矿物为特征。

(3) 地质构造条件

矽卡岩型矿床常出现于褶皱造山过程的晚期或后期，受深断裂或基底断裂控制，常出现于拗陷区，多在板块边缘活动带内（大陆边缘、岛弧等）。矿床或矿体的赋存部位除受接触带控制外，也受到各种断裂和褶皱构造的制约。

矽卡岩型矿床的成矿时代大部分是在古生代及其以后，特别是中、新生代。我国的成矿时代主要为中生代。

三、矿床的形成过程

矽卡岩矿床主要是多期多阶段气液交代作用的产物，通常可划分为两个矿化期，五个矿化阶段：

1. 矽卡岩矿化期

早期矽卡岩化阶段：以形成无水硅酸盐矿物为主，主要有石榴石、橄榄石、符山石、透辉石、硅灰石、方柱石等。这些矿物是在高温的超临界条件下形成的，在这个阶段中，一般不生成有用矿物，故也称“无矿阶段”。

晚期矽卡岩化阶段：以出现含水硅酸盐矿物为特征，如阳起石、透闪石、绿帘石—黝帘石、硅镁石等；它们交代了早期无水矽卡岩矿物，并有较多的磁铁矿析出，故也称“磁铁矿阶段”。由于温度逐渐降低，这些矿物及矿化作用，是在超临界温度左右的气化—高温热液条件下进行的。

氧化物阶段：该阶段以出现磁铁矿、赤铁矿、锡石、白钨矿等氧化物或含氧酸盐为特征。可有含铍硅酸盐矿（日光榴石、硅铍石、香花石）形成，后期出现少量硫化物（辉钼矿、磁黄铁矿、黄铜矿、毒砂），并有长石（正长石、酸性斜长石）、云母（金云母、白云、黑云母）及少量石英、萤石、绿帘石等矿物相伴生。这些矿物主要是在高温热液条件下形成的。此阶段也有称之为“白钨矿阶段”。

2. 石英—硫化物期

早期硫化物阶段：形成于高—中温热液条件下，主要形成铁—铜硫化物，常见矿物为磁黄铁矿、黄铁矿、辉钼矿、黄铜矿、辉铋矿、辉钴矿，故也称“铁铜硫化物阶段”。脉石矿物有绿泥石、绿帘石、绢云母、碳酸盐矿物萤石和石英等（黄铁矿、磁黄铁矿也属脉石矿物）。

晚期硫化物阶段：形成于中—低温热液条件下，主要形成方铅矿、闪锌矿、碳酸盐矿物、石英等。也称之为“铅锌硫化物阶段”。

矽卡岩常出现明显的分带性，以钙质矽卡岩为例，分带如下：

内带　系热液交代侵入体而成。形成的温度较高，常见有磁铁矿、赤铁矿、石榴石、透辉石、符山石、方柱石、硅灰石等矿物。

外带　系热液交代围岩形成。一般可分为两个亚带：

第一亚带，产于紧靠接触带的碳酸盐类岩石中。形成温度较内带低，以钙硅酸盐矿物和含水矽卡岩矿物为特征，有透闪石、绿泥石、绿帘石、阳起石等矿物。

第二亚带，产于离接触带较远的围岩中。形成温度较前者低，广泛发育硅化及大理岩化，有时有萤石化、重晶石化。

矽卡岩矿床多数位于外接触带的矽卡岩化围岩中，少数产于内接触带侵入体中，有的矿体，距接触带较远，个别可远离侵入体达 1～3km（图 4-4）。

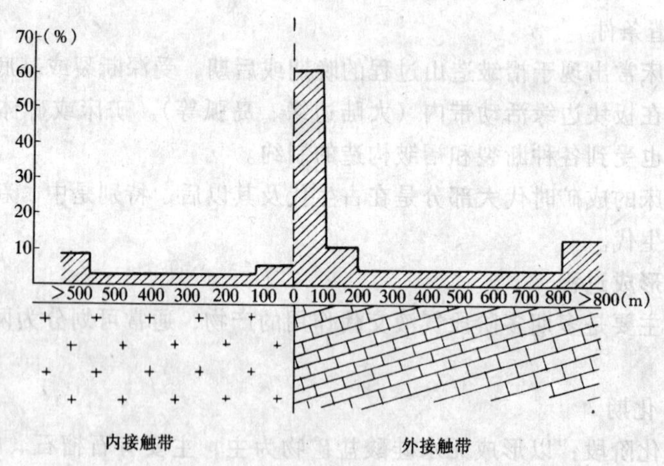

图 4-4　矽卡岩矿床在接触带附近分布的比例
（据 B.И. 斯米尔诺夫）

矽卡岩矿床的矿体很不规则，有似层状、透镜状、脉状、巢状、囊状、柱状及和各种不规则状。

我国矽卡岩型矿床主要形成于中生代或燕山期。

第四节　热　液　矿　床

一、概述

热液矿床是指含矿热水溶液在一定的物理化学条件下，在各种有利的构造和围岩中，通过充填或交代作用使有用组分富集而形成的矿床。

矿床的分布、矿体的形态受构造控制极为显著，各种构造空隙既是含矿热液运动的通道，又是成矿物质沉淀的场所。含矿热液是多来源的，有来源于深部岩浆的岩浆期后热液、来自火山—次火山有关的热液、来自地下水热液和变质水热液，以及不同来源的含矿热液在长距离搬运过程中的混合。根据矿液来源及成矿地质环境的不同，可将热液矿床分为以下几类：

1. 侵入岩浆热液矿床

2. 与火山—次火山岩有关的喷气—热液矿床

3. 地下水热液矿床

热液矿床，有巨大的工业价值。它包括大部分有色金属（铜、铅、锌、汞、锑、钨、锡、钼、铋等）；一些有特殊意义的稀有、分散元素矿产，以及放射性元素（铀）；部分黑色金属（铁、锰等）和许多的非金属矿产（硫、石棉、菱镁矿、重晶石、萤石、水晶、明矾石、冰洲石等）。这些矿产在我国国民经济建设中都是很重要的原料。

二、侵入岩浆热液矿床

本类型热液矿床多产于地槽活动区的中、晚期，以及地台活化期的酸性、中酸性和中碱性的岩浆侵入地区。矿床与岩浆岩在时间上、空间上、成因上有密切的关系。

矿床与岩浆岩体的成矿专属性表现得很明显，并在侵入体的周围，不同类型的热液矿床可呈带状分布，表现出矿床成分由高温到较低温变种的更替。例如，我国南岭成矿区中，W、Sn、Mo 常在侵入体内外接触带中，Pb、Zn 一般离侵入体稍远。

根据成矿的物理化学条件、地质条件及矿床特征，侵入岩浆热液矿床可以分为高温热液矿床、中温热液矿床和低温热液矿床。

1. 高温热液矿床　高温热液矿床系指成矿温度 500 ~ 300℃，深度约 4.5 ~ 1.5km 条件下所形成的矿床。

(1) 矿床地质特征：

1) 矿体多产于酸性侵入体的顶部或附近的非钙质围岩中，距侵入体很少超过 1 ~ 1.5km。而且常受构造裂隙控制，以充填方式成矿。矿体与围岩界限一般清楚。

2) 具典型的高温矿物组合，矿石矿物主要是氧化物和含氧盐类，其次是硫化物。常见的矿物有磁铁矿、锡石、黑钨矿、辉钼矿、辉铋矿、毒砂、绿柱石、自然金等；脉石矿物有石英、长石、云母、萤石、角闪石、磷灰石、黄玉、电气石等。

3) 矿石中矿物结晶较粗，呈粗粒结构。矿石构造多为块状、细脉状、浸染状及条带状等。

4) 矿体形态常为脉状、透镜状或不规则状，有时矿液沿围岩层面交代而形成扁豆状或似层状。

5) 近矿围岩具有强烈的高温热液蚀变现象，典型的有云英岩化、黄玉化、电气石化等。

（2）矿床的主要类型

1）黑钨矿—石英脉型　矿床多产于云英岩化花岗岩或其附近的变质岩中，矿体呈脉状，组成矿物除黑钨矿和石英外，还有长石、电气石、黄玉、绿柱石和少量辉钼矿和锡石等。这类矿床在我国江西、湖南、福建分布很广。

2）锡石—石英脉型　石英脉中常有锡石，也可有黑钨矿、少量重金属硫化物和萤石等矿物。在广东、江西和河南等省有这类矿床。

3）辉钼矿—石英脉型　以辉钼矿为主，还有辉铋矿和黑钨矿。辉钼矿成片状，矿石结构有粗有细。我国华南和东北有这类矿床。

2. 中温热液矿床　中温热液矿床指成矿温度在300～200℃、深度为3～1.5km条件下形成的矿床。与矿床有关的侵入体一般规模小，多呈岩株、岩钟、岩枝和岩床等。

（1）矿床地质特征

1）矿体多产于中深的酸性—中酸性侵入体的外接触带中（如沉积岩、变质岩等各种成分的岩石）或产于大的断裂带中（附图6-4），少数产于侵入体内。

2）矿石的矿物成分复杂，矿石矿物主要为金属硫化物。常见的金属矿物有黄铜矿、黄铁矿、方铅矿、闪锌矿、自然金、赤铁矿等。非金属矿物有滑石、萤石、菱镁矿、水晶、重晶石等、脉石矿物主要有石英、方解石、白云石、绿泥石和绢云母等。

3）矿石中矿物结晶粒度中等，为中粒结构。矿石构造常见的有块状、角砾状及细脉浸染状等。

4）矿体形态多样，由充填作用形成的矿体常见为脉状；由交代作用形成的矿体常为似层状、扁豆状、柱状、囊状等。

5）近矿围岩蚀变较发育，主要有绿泥石化、绢云母化、硅化、黄铁矿化、碳酸盐化等。

（2）矿床的主要类型

1）含金多金属硫化物脉状矿床　矿体产于花岗岩类侵入体的顶盖各种围岩中，成脉状出现。矿石中除自然金、黄铁矿外，常伴有方铅矿、闪锌矿、黄铜矿等。脉石矿物为石英，以及相当数量的碳酸盐矿物和重晶石等。围岩蚀变常见为绢云母化、绿泥石化和硅化。我国山东、河北、吉林等地有此类矿床分布。

2）充填型铅锌多金属矿床　矿体产于各种岩石中，成矿方式以充填作用为主，矿体形态一般呈脉状。金属矿物有闪锌矿、方铅矿、黄铜矿、黄铁矿；非金属矿物主要有石英、重晶石、铁白云石等。围岩蚀变主要是硅化、绢云化及绿泥石化等。这类矿床分布广泛，是铅锌矿床的主要来源。例如湖南桃林铅锌矿床即属此类矿床。

中温热液矿床中，除上述两类型外，常见的还有交代型多金属铅锌矿床、锡石多金属硫化物矿床、含铜石英脉矿床、含铜黄铁矿型矿床、热液交代型菱镁矿矿床、滑石矿床、水晶矿床等。

3. 低温热液矿床　低温热液矿床的成矿温度为200～50℃，其形成深度在地表以下1.5km至几百米间。矿床一般与岩浆岩关系不明显。有时在矿区附近可见到浅成或超浅成的小岩体出现，与矿床可能有一定的成因关系。有些矿床生于高、中温热液矿床附近，它们是代表最晚期的矿化阶段产物。

（1）矿床地质特征

1）矿床距母岩体很远或与母岩体关系不明显。矿床常受各种断裂构造控制。

2）组成本类矿床的金属矿物主要有辰砂、辉锑矿、雄黄、雌黄、自然金、自然银、自然铜、方铅矿、闪锌矿、黄铜矿等；非金属矿物有萤石、重晶石、冰洲石、明矾石、天青石、石膏等；脉石矿物主要有石英、玉髓、蛋白石、方解石和白云石等。

3）矿石中矿物结晶细小，多为细粒结构。矿石构造有角砾状构造及梳状、胶状。

4）矿体形态常受围岩性质和构造的控制，有似层状、透镜状、脉状及网脉状等。

5）矿床的围岩蚀变主要有硅化、蛋白石化、明矾石化、重晶石化等。

（2）矿床的主要类型

1）充填型雄黄、雌黄矿床　矿体呈脉状、浸染状、扁豆状等充填在围岩裂隙中。矿石矿物主要是雄黄和雌黄，次为胶状黄铁矿、白铁矿和辉锑矿、辰砂等。脉石矿物有石英、玉髓及碳酸盐类矿物。我国湖南、四川、云南等地皆有产出。

2）充填或交代型钨（锑、金）矿床　矿体多呈脉状、细脉状、网脉状充填于构造破碎带或沿破碎带交代呈似层状。矿石矿物主要是白钨矿以及辉锑矿、自然金；脉石矿物主要为石英以及方解石，重晶石、绢云母等。矿石构造有条带状，角砾状、网脉状。围岩蚀变有硅化、黄铁矿化、绿泥石化和碳酸盐化等。产于湘西等地。

此外，与之有关的矿床还有与浅成侵入体有关的金—银矿床、萤石矿床、明矾石矿床等。

三、与火山—次火山岩有关的喷气—热液矿床

与火山—次火山岩有成因联系的喷气和热液，通常含有大量的金属化合物。在一定的地质和物化条件下，这些含有成矿物质的气液与围岩（包括海水）发生复杂的互相作用，使有用组分聚集和沉淀，形成火山喷气—热液矿床。形成这类矿床的热液，是在火山喷发和次火山侵入活动过程中，因温度、压力的骤降，含矿气液大量从岩浆中析出，当达到临界温度以下，遂凝聚为含矿热液，其在运动过程中也可吸取火山岩中有用组分，也可与地下水、地表水等相遇混合，成为混合溶液。

矿床产于一定的火山岩、次火山岩及其附近围岩中，成矿温度约在500~50℃之间。矿体形态受火山构造、火山喷发岩带等控制。矿床中围岩蚀变强烈，并且复杂、广泛。

根据成矿地质条件，结合火山喷发环境，可把矿床分为四个类型：

1. 陆相火山—喷气矿床

在火山喷发晚期，因不同含矿气体和蒸气相互反应、简单的升华作用或与围岩发生反应而形成矿床。矿产有自然硫、雄黄、硼酸盐等。

2. 陆相火山—热液矿床

矿床主要产于火山岩及火山碎屑岩中。由于火山喷发的热液交代火山岩及其围岩或充填在火山岩气孔和裂隙中而形成。以中—低温矿物为主，矿产主要有铜、金、银、冰洲石、萤石、重晶石、明矾石、沸石等。

3. 陆相次火山—热液矿床

矿床与次火山岩有密切的成因联系。含矿热液来源为次火山岩体，在浅成—超浅成环境下，因外压力的骤然降低，挥发组分自熔浆中强烈析出而形成。矿体产于次火山岩或接触带附近的围岩中。次火山岩与火山活动息息相关，受深大断裂控制，矿体除受区域构造

控制外，还受岩体原生构造所控制，矿体形状以及矿石成分、结构构造等复杂多变。

次火山—热液矿床的典型矿床类型有玢岩铁矿和斑岩铜矿床。

(1) 玢岩铁矿

产于中生代陆相火山盆地内，其基底为长期拗陷期形成的沉积岩系，常富碳酸盐-膏盐。与矿化有关的次火山岩为高碱富钠的辉长闪长玢岩。磁铁矿及假象磁铁矿或产于辉长闪长玢岩岩体内，呈浸染状（陶村式），或在其顶部内接触带的角砾及网脉中（凹山式），或在辉长闪长玢岩与安山岩的接触带内外，呈透镜状产出（梅山式），还有产于辉长闪长玢岩与火山岩基底岩石的接触带附近及沉积岩中（姑山式、白象山式）。

玢岩铁矿的矿石基本上由透辉石（阳起石）—磷灰石—磁铁矿组成，磁铁矿以富含钒钛为特征。蚀变分带明显，下部为钠长石化浅色蚀变带；中部为以次透辉石（阳起石）-钙铁榴石-方柱石为主的深色蚀变带；上部为浅色蚀变带，出现石英-明矾石-高岭石-黄铁矿-绢云母等蚀变矿物。深色蚀变带是工业矿体赋存的主要部位。

(2) 斑岩铜矿床

斑岩铜矿床又称细脉浸染型铜矿床，是指在成因上、空间上和中酸性斑状浅成侵入体（次火山岩体）有密切联系的矿床。在空间分布上主要位于活动大陆边缘、岛弧带内。矿床规模大、品位低、易开采。

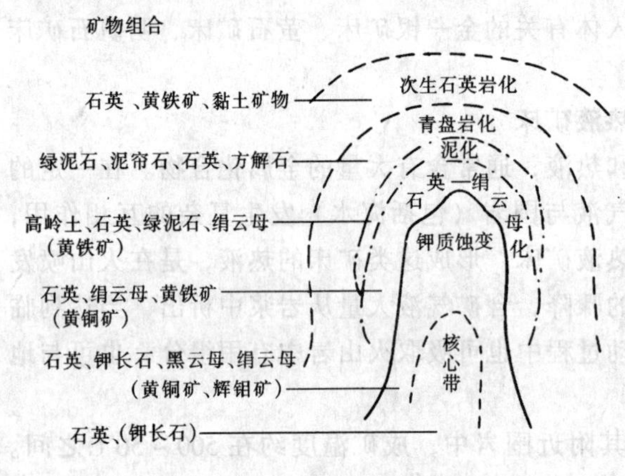

图 4-5 斑岩铜矿的矿化蚀变分带

与斑岩铜矿有关的次火山岩主要为呈岩株状产出的花岗闪长斑岩、石英二长斑岩，有时斑岩岩体本身即为火山的根部，还常可见各种内生角砾岩，并与矿化有关。

斑岩铜矿具有一定的面型矿化蚀变分带性。自下而上或由内带至外带依次为钾质蚀变带（黑云母、石英-钾长石或钾长石），有时中心有强烈硅化的石英核→石英-绢云母带（石英-绢云母-黄铁矿）→泥质蚀变带（高岭石-石英-黄铁矿，蒙脱石-水云母）→青盘岩化带（绿泥石-绿帘石-钠长石，黄铁矿-方解石）；与上述蚀变带相对应，出现一定的矿化分带（图 4-5），自内而外依次为无矿带→辉钼矿 + 黄铜矿 + 斑铜矿→黄铜矿 + 黄铁矿→黄铁矿→黄铁矿 ± 硫砷铜矿 ± 砷黝铜矿 ± 方铅矿 ± 闪锌矿 ± 金、银矿物。自内而外，矿石的结构构造也常出现有规律的变化；即浸染状→细脉浸染状→细脉状 ± 脉状。主要工业矿体位于钾质蚀变带的外侧或石英-绢云母化带中。斑岩铜矿床中钾长石、黑云母形成温度为 750 ~ 300℃，主要为 500 ~ 300℃，石英-绢云母形成温度为 200 ~ 450℃，泥质蚀变为 300 ~ 100℃，主成矿期温度为 500 ~ 250℃。在斑岩铜矿中有的矿石含钼高，并可综合利用，称为铜钼型，有的含金高，称为铜金型。

4. 海相火山—气液矿床海底火山活动的过程中，所产生的射气和热液涌到海底或达到临近海底的条件下生成的矿床。到达海底的含矿气液，未经远距离搬运，成矿物质通过化学沉积方式或与海底沉积物互相作用而沉淀成矿。这类矿床常具同生矿床和后生矿床的双重特点。矿床分布广、规模大，是铜、铅、锌、银和铁矿的重要来源之一。

四、地下水热液矿床

本类矿床的形成与岩浆活动没有成因联系，矿区内也没有与成因有联系的侵入岩体存在，成矿溶液主要为地下水热液，其性质可能是高盐度的含金属的热卤水。矿质来源，可以是沉积物固结水中原来含有的，也可在流动中溶解和淋滤围岩、矿源层和矿床中的物质而来。矿床形成的温度为50～100℃，很少超过200℃。

1. 矿床地质特征

(1) 矿床产于一定地层中。如湘黔汞矿床产于寒武系地层中等。

(2) 矿床受岩性（相）控制，矿体常集中于某些岩性段中。如铅、锌和汞矿床多产于碳酸盐岩石中，铀多产于砂—砾岩中。

(3) 矿床在空间分布上常呈带状。如川西南—滇东—贵州—湘西的铅锌矿带等，长可达几百千米以上。

(4) 矿石中有用矿物成分简单，金属硫化物多呈细小的分散状、浸染状集合体，沿岩石的微层理顺层分布。部分脉状矿体中矿物结晶颗粒稍大。矿床的蚀变一般较弱，主要有硅化、碳酸岩化、重晶石化等。

(5) 矿床与构造的关系是：整合矿体，一般不受断裂控制，而部分脉状矿体则与断裂构造关系密切。

2. 矿床的主要类型

(1) 碳酸盐岩层中的方铅矿、闪锌矿矿床

矿床主要分布在石灰岩或白云岩中，有一定层位。矿区附近无侵入体出现。矿体形态简单，多为层状，少量呈脉状或不规则状。矿化一般呈浸染状或细脉浸染状。矿物成分简单，典型矿物是方铅矿、闪锌矿、重晶石和萤石，其次是黄铁矿、白铁矿和少量的黄铜矿。围岩蚀变常有白云石化、硅化和重晶石化。此类矿床品位较低，但规模大。我国湘、鄂、川、滇、黔一带广泛分布有这类矿床。

(2) 砂岩中的铀—钒—铜矿床

矿床主要产于砂岩中，也有些产于炭质页岩、泥板岩和碳酸盐岩中。在不同地区，不同矿床中，铀，钒，铜等的含量是不同的，有些矿床中几乎只含铀或仅含少量钒，成为砂岩铀（钒）矿床；有些矿床则几乎全部是铜，构成砂岩铜矿床；也有的构成砂岩铜—铀矿床。

(3) 碳酸盐岩层中的汞、锑矿床

矿床主要产于碳酸盐岩石中，有一定层位，矿体呈层状，部分呈脉状、巢状。矿化带沿层面或层间构造带发育。矿区内一般无岩浆岩出露。围岩蚀变微弱，主要有白云岩化、重晶石化、硅化。矿物成分简单，主要有辰砂、辉锑矿，有时可见少量雄黄、雌黄。脉石矿物为方解石、重晶石、萤石、石英、白云石等。我国湘黔一带的汞矿床属此类型。

思 考 题

1. 气水热液（或热液）的概念。
2. 气水热液与矿质的来源。
3. 含矿热液中矿质沉淀的原因有哪些？

4. 热液矿床的成矿方式。

5. 围岩蚀变与蚀变围岩的概念。

6. 矽卡岩矿床形成的地质条件。

7. 与侵入岩浆热液有关的高、中、低温热液矿床的概念和矿床地质特征。

8. 斑岩铜矿的形成条件和矿床地质特征。

9. 地下水热液矿床的形成条件和矿床地质特征。

第五章 风 化 矿 床

第一节 概 述

风化矿床是指地壳表面的岩石和矿床，在大气、水、生物等营力的机械和化学作用影响下，发生破碎及复杂的物理化学变化，使有用物质重新组合、调整、富集所形成的矿床。风化矿床一般未经移动或稍有移动，与原岩有密切的联系。矿床分布范围与原岩出露范围基本一致，所以风化矿床除自身具有工业价值外，常可作为寻找原生矿床的重要标志。

图 5-1 面型风化矿床剖面图

(据 B.И. 斯米尔诺夫)

1—覆盖层；2—赭石-黏土岩；3—含镍绿高岭石化蛇纹岩；4—含镍淋滤蛇纹岩；5—蛇纹岩

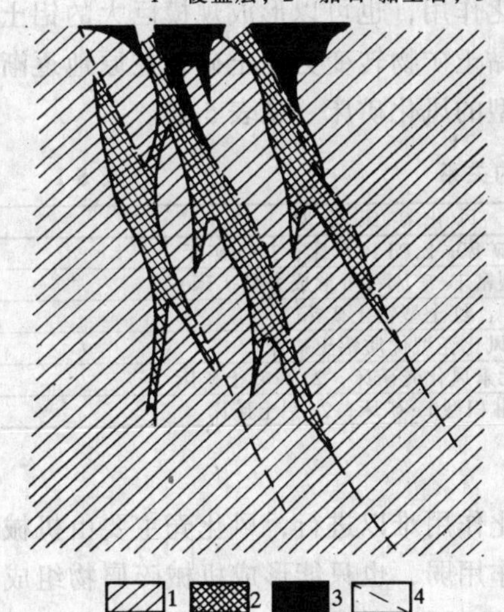

1 2 3 4

图 5-2 线型风化矿床剖面图

(据 B.И. 斯米尔诺夫)

1—蛇纹岩；2—含镍淋滤蛇纹岩；3—赭石-黏土岩；4—裂隙带

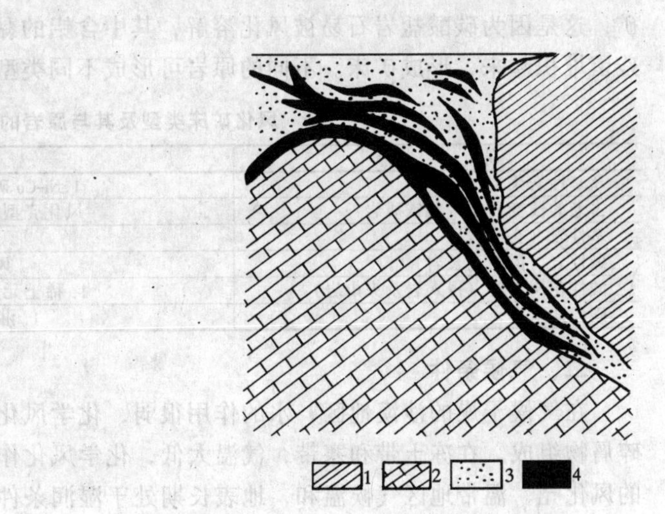

1 2 3 4

图 5-3 岩溶型风化矿床剖面图

(据 B.И. 斯米尔诺夫)

1—蛇纹岩；2—石灰岩；3—岩溶沉积物；4—矿石

风化作用根据性质的不同可分为机械风化作用和化学风化作用。机械风化作用主要使矿石和岩石发生破碎，形成疏松的碎屑堆积体，生成残积、坡积砂矿。岩石的化学风化作用（包括生物风化作用）主要是在氧气、碳酸气、水及生物影响下发生的，其产物形成了风化壳。风化矿床通常是指风化壳中由风化产物构成的矿床。

风化矿床以近代（第三纪～第四纪）形成的最为重要，常形成于现在地表或近地表处。按其出露形态可分为面型（平面上呈面状，剖面上呈层状或似层状，图5-1）、线型（沿裂隙或不同岩石的接触带分布，图5-2）、和岩溶型（位于碳酸盐岩层溶洞中，图5-3）。某些风化矿床也可以形成于过去的地质历史时期，它们保存在古风化壳中。

风化矿床的矿石构造多呈胶状、网状、粉末状、结核状，常具胶状及残余结构，矿石大多疏松多孔。矿石矿物大多为氧化物、含水氧化物、碳酸盐、硫酸盐、磷酸盐及其他含氧盐类矿物，部分为自然元素（金、铜等）。主要风化矿床有：铁、铝、锰、镍、钴、铀、钍、金、稀土和高岭石等。

第二节　风化矿床的形成条件

风化矿床的形成受原岩成分、气候条件、地貌条件、地质构造、水文地质条件和风化时间等种种因素的控制。

一、原岩（或矿床）的物质成分和性质

原始岩石和矿床的矿物及化学成分对风化作用产物的性质起着十分重要的作用。如超基性岩风化后较容易形成红土型铁矿（褐铁矿）和镍矿（硅酸盐镍矿），这是因为原岩中富含铁和镍。花岗岩风化后可能形成高岭土矿床，因为花岗岩含有可分解成该种矿床的成分（如长石等）。但有时风化矿床的形成不完全取决于原岩，如 Al_2O_3 含量不高、甚至很低的碳酸盐岩石中若有泥质夹层时经长期和强烈的风化作用，也可以形成规模巨大的铝土矿，这是因为碳酸盐岩石易被风化溶解，其中含铝的黏土矿物转变为铝土矿，在原地逐渐残留堆积起来，形成矿床。不同的原岩可形成不同类型的风化矿床（见表5-1）。

风化矿床类型及其与原岩的关系　　**表 5-1**

原　岩	风化矿床类型
超基性岩浆岩	1.Ni-Co矿床；2.Pd-Pt矿床；3.Fe矿床
古老的浅变质条带状铁质岩	风化壳型富Fe矿床（可形成大型矿床）
基性岩（玄武岩）	红土型铝土矿床
碱性岩（霞石正长岩）	风化壳型优质铝土矿床
酸性花岗岩类（侵入岩及火山岩）	1.稀土元素风化壳矿床；2.高岭土矿床
碳酸盐岩类	1.淋积型Fe矿床；2.铝土矿床

二、气候条件

在气候干燥的沙漠地区，水的作用很弱，化学风化作用难以进行，风化壳主要由机械碎屑物组成。在冻土带和寒带，气温太低，化学风化作用弱，也只能形成机械碎屑物组成的风化壳。温带地区气候温和，地表长期处于湿润条件，可以形成许多风化矿床。但是形成风化矿床的最好地区是湿润炎烈的热带或亚热带地区，在该区岩石往往发生强烈的化学风化作用，元素发生大量迁移，常形成大型铁、锰、镍、铝等风化矿床。由于气候条件是受纬度、高度以及距离海洋远近等因素的控制，因此风化矿床也常呈带状分布。

三、地貌条件

地形起伏不仅决定物质的侵蚀和堆积，同时也决定地下水的动态及风化壳的地球化学特征。高山地区，地形起伏大，物理风化超过化学风化，风化产物不能堆积下来；十分平坦的地貌以及地下水面很高的环境，限制了风化壳向下发展，也不宜形成巨厚的、发育完全的风化壳矿床；只有在丘陵地区，一方面地表水和地下水的流动缓慢，侵蚀作用比较微弱，化学风化作用占主要地位，另一方面又可使风化产物积聚起来，在长期侵蚀和风化作用下，形成了准平原化的地貌，有利于形成风化壳矿床。

四、地质构造条件

地貌景观最主要是由地质构造条件决定的。一般来说，在强烈褶皱区，地形高峻，不利于大规模风化矿床的形成，只有当造山区经长期侵蚀达到较平缓的地貌或准平原环境时，才能形成大规模的风化壳矿床。因此，地台区有利于大规模风化壳矿床的形成。古风化壳矿床往往产在长期沉积间断的不整合面上，如我国华北地台的奥陶系风化侵蚀面上的铁、铝等古风化壳矿床等。

此外，适合的水文地质条件如具适当的岩石渗透性时，在潜水面上的通气带中，地表水能缓慢地、长期地渗透，以及具有一个延续时间较长的、稳定的地质环境，对形成大型风化矿床都是必要的条件。

第三节　风化矿床的成因类型及其特征

一、残积和坡积砂矿床

地表的岩石和矿床被破碎后，可溶解的物质和较轻的微粒被流水带走，而较重的和难溶的有用矿物残留原地富集形成残积砂矿床。如由于重力作用影响，使有用物质（矿物、岩块、矿块）沿山坡作短距离移动时，可形成坡积砂矿床。残积和坡积砂矿床关系十分密切，两者常呈渐变过渡关系，因此常称为残积—坡积砂矿床。矿石矿物具有明显的棱角或保留原有矿物的外形，矿层的分选性一般都比较差，无明显的层理。主要砂矿有自然金、锡石、铌钽铁矿，还有独居石、黑钨矿、锆石、金刚石、刚玉、水晶、石英砂等。

二、残余矿床

地表岩石或矿床受化学风化作用而分解时,易溶组分被地表水或地下水带走,难溶组分多呈胶体溶液留下,最后在原地或附近形成新的稳定矿物,当其中有用组分富集达到工业要求时,则形成残余矿床。该类矿床一般位于氧化带,矿体产状平缓,呈似层状,分布面积大、底部界限不平直。主要矿产有黏土、高岭土、铝土矿、铁矿、锰矿、镍矿和稀土元素等。

残余矿床在风化矿床中占有重要的地位，较常见的有：

1. 黏土化作用形成的残余矿床

黏土化作用是由含铝硅酸盐矿物（主要是长石）丰富的各种岩浆岩、变质岩及部分沉积岩在温暖湿润的气候条件下，经化学风化作用，长石等矿物被分解出碱金属和碱土金属，并被流水带走，剩下的 SiO_2、Al_2O_3、Fe_2O_3 易形成胶体溶液，其中溶胶 $SiO_2 \cdot nH_2O$ 带负电荷，溶胶 $Al_2O_3 \cdot mH_2O$ 和 $Fe_2O_3 \cdot pH_2O$ 带正电荷，两者相互作用，电性中和，彼此凝聚形成各种不同的黏土矿物，如高岭石（$Al_2O_3 \cdot 2SiO_2 \cdot 2H_2O$）、多水高岭石（$Al_2O_3 \cdot 2SiO_2 \cdot nH_2O$）、微晶高岭石和水云母等。这种过程称为黏土化作用。

（1）残余黏土和高岭土矿床

由黏土化作用形成的各种不同黏土矿物与一些铁的氢氧化物和未分解的矿物（石英等）以及母岩碎块等混合形成残余黏土矿床。若黏土矿物的成分是以高岭石、埃洛石为主（90%以上），则构成残余高岭土矿床。其反应式如下：

$$\underset{\text{钾长石}}{K_2O\cdot Al_2O_3\cdot 6SiO_2} + mH_2O + CO_2 \rightarrow \underset{\text{高岭石}}{Al_2O_3\cdot 2SiO_2\cdot 2H_2O} + K_2CO_3 + 4SiO_2\cdot nH_2O$$

质纯、价值高的高岭土矿石颜色洁白，含铁量少（Fe_2O_3 一般不超过 0.7%～1%）。若受氧化铁污染，则呈黄色或粉红色。我国高岭土矿床分布广泛，闻名于世的景德镇瓷器就是以高岭土为主要原料。

(2) 残余型稀土矿床

含稀土矿物的母岩（主要是由酸性岩浆岩如黑云母花岗岩、白云母花岗岩、二长花岗岩和碱性花岗岩等）在地表经长期的、强烈的黏土化作用后，形成了多水高岭土和高岭土，当介质溶液为弱酸性时，由氟碳钙铈矿、萤石、长石等矿物分解释放出来的稀土元素呈阳离子进入溶液，并被黏土矿物所吸附，使稀土离子在风化壳中逐渐富集起来，形成残余型稀土矿床。又称离子吸附型稀土元素矿床。

湿热的气候、富稀土元素的花岗岩体、岩体中断裂及破碎强烈，是形成大型稀土矿床的有利条件。此类矿床是20世纪60年代末，在我国江西南部首次发现，以后在江西、广东、湖南、福建、广西和安徽各地陆续都有发现，有巨大的经济价值。

2. 红土化作用形成的残余矿床

红土化作用是黏土化作用更进一步发展的风化作用。在地表环境下，黏土类矿物通常是相当稳定的。但在热带、亚热带温热的气候条件下，由于降雨量大，气候炎热，化学作用强烈，如果地形平坦或坡度不大，则从铝硅酸盐岩石中分解出来的碱和碱土金属则不易被地表水带出风化场所，因此溶液具碱性反应，SiO_2 溶胶在碱性介质中不凝结，而被潜水带走，而溶胶 $Al_2O_3\cdot mH_2O$ 和 $Fe_2O_3\cdot pH_2O$ 则可在原地凝聚。这样就发生了红土化作用，即黏土矿物再分解，使其氧化铝和氧化硅分离，在地表逐渐堆积起铝的氢氧化物（即铝土矿物三水铝石 $Al_2O_3\cdot 3H_2O$ 或 $Al(OH)_3$ 和一水硬铝石 $Al_2O_3\cdot H_2O$ 或 $AlO(OH)$）和铁的氢氧化物（褐铁矿、水针铁矿、水赤铁矿等）构成红土，形成了残余红土型铝土矿和铁矿床。

(1) 残余红土型铝矿床

残余铝土矿矿床是由富铝贫硅的碱性岩（霞石正长岩）、基性岩（特别是玄武岩）以及某些碳酸盐岩石经红土化作用而形成。其形成过程如下：

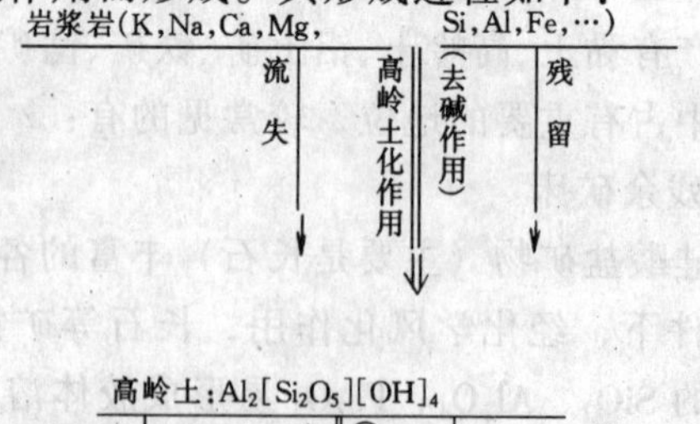

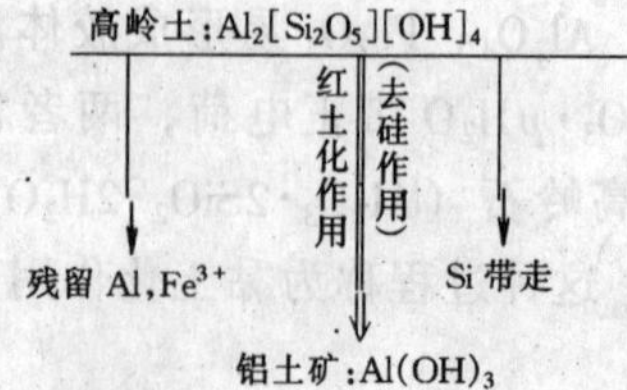

红土型铝土矿在我国主要分布在华南的福建、广东和海南等省，如福建漳浦的玄武岩风化残留红土型铝土矿床（见实训九内容）。

(2) 残余红土型铁矿床

这类矿床主要是由超基性岩经红土化作用形成。由于超基性岩（橄榄岩、纯橄榄岩）中经常含有5%~9%以上的铁，强烈风化时，它的主要组成矿物（如橄榄石和辉石）在氧化带发生氧化和分解分解出来的 SiO_2 呈胶体或硅酸被地下（表）水带走，低价铁被氧化，转变为高价铁的氢氧化物和氧化物（如纤铁矿、针铁矿和含水赤铁矿等）残留地表，并在适宜条件下形成不同规模的红土型铁矿床。如果超基性岩中含镍较高，在风化作用过程中，镍以离子状态进入溶液，被残积层中的黏土所吸附，或从胶体溶液中直接沉淀，或以次生硅酸镍矿物富集起来，形成红土型镍矿床。

该类矿床矿石主要由红色、黄色、褐色的赤铁矿和针铁矿结核组成，其中混有磁铁矿、铬铁矿、钛铁矿和金红石等，矿石中 Fe 的品位可达35%~70%。矿床常产于风化壳型镍矿的最表部。

三、淋积矿床

近地表的原岩或矿体经风化分解后，一些易溶物质被淋滤到风化壳下部地下水面以下，由于介质的物理化学性质改变，通过交代作用，将其所携带的有用物质沉淀出来形成淋积矿床。在淋积矿床形成过程中，潜水运动受阻或化学环境急剧改变地段常为成矿富集的有利地段。主要矿产有铀、铜、铁等。其中淋积型铀矿床可形成大型矿床。如美国科罗拉多高原砂、砾岩中淋积型铀（钒）矿床，规模巨大，铀的含量为0.1%~1%，钒的含量为1%~1.5%。此外矿石中尚含铜等，工业意义十分重大。

四、风化带次生富集矿床

内生矿床（主要是硫化物矿床）的近地表部分，在风化作用下往往可使某些元素富集而形成次生富集矿段或矿床。图5-4为铜硫化物矿床的表生作用分带示意图。自地表向下分为：

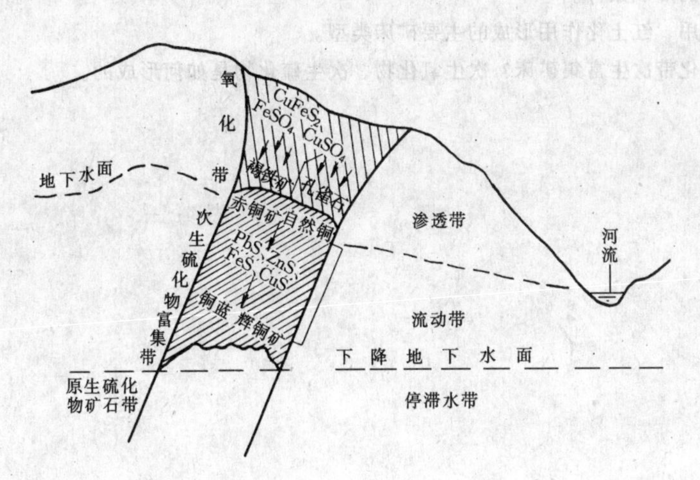

图5-4 铜硫化物矿床的表生分带示意图

（据袁见齐等，《矿床学》，1985，改绘）

1. 氧化带　从地表到潜水面（地下数十米）之间的地带，由于地下水的垂直下渗，使多种金属硫化物氧化、分解。近地表堆集大量褐铁矿，形成铁帽；下部为次生氧化富集带，可见到孔雀石、蓝铜矿、硅孔雀石；其次为自然铜和铜的氧化物，如赤铜矿（Cu_2O）、黑铜矿（CuO）等。

2. 次生硫化物富集带　在潜水面以下地下水流动带的还原环境中，从氧化带中淋滤出来的硫酸盐溶液与原生金属硫化物发生交代作用，往往使有用金属元素富集几倍至几十倍，可使原先不够品位的围岩或品位低的矿石次生富集为较高品位的矿石。如斑岩型铜矿，其原生矿石品位较低，由于次生富集作用，使矿石变富。原生硫化物黄铜矿、斑铜矿等，在氧化带变成硫酸盐后，随土壤水渗透到地下水面以下，在缺氧的条件下，对 Fe^{2+}，Zn^{2+}，Pb^{2+} 的硫化物发生交代，生成富含铜的次生硫化物，如辉铜矿 Cu_2S、铜蓝 CuS 等，其反应过程如下：

交代方铅矿、闪锌矿，如：

$$PbS + CuSO_4 \rightleftharpoons CuS + PbSO_4$$

$$ZnS + CuSO_4 \rightleftharpoons CuS + ZnSO_4$$

交代黄铁矿，如：

$$5FeS_2 + 14CuSO_4 + 12H_2O \rightleftharpoons 7Cu_2S + 5FeSO_4 + 12H_2SO_4$$

$$4FeS_2 + 7CuSO_4 + 4H_2O \rightleftharpoons 7CuS + 4FeSO_4 + 4H_2SO_4$$

交代黄铜矿，如

$$5CuFeS_2 + 11CuSO_4 + 8H_2O \rightleftharpoons 8Cu_2S + 5FeSO_4 + 8H_2SO_4$$

$$CuFeS_2 + CuSO_4 \rightleftharpoons 2CuS + FeSO_4$$

思　考　题

1. 风化矿床的概念。
2. 风化矿床的一般地质特征。
3. 风化矿床的形成条件。
4. 黏土化作用、红土化作用形成的主要矿床类型。
5. 什么叫风化带次生富集矿床？次生氧化物、次生硫化物是如何形成的。

第六章　沉　积　矿　床

第一节　概　　述

一、沉积矿床的概念及工业意义

沉积矿床是外生矿床的重要类型之一，它是指暴露在地表的岩石、矿床在风化作用下，被破碎和分解出的产物、火山喷出物、宇宙物质以及生物有机体等，被地表水、风、冰川、生物等携带、搬运到适宜的环境中（河床、沼泽、湖泊、浅海、泻湖等），经各种沉积分异作用，使有用组分聚集形成的矿床。

沉积矿床的基本成矿作用为沉积分异作用，包括机械的、化学的、生物的、生物化学的或火山的（喷气、热液等）多种沉积作用方式。

沉积矿床分布广泛，其中产有很多重要矿产。如海相沉积铁矿，其储量或产量在世界铁矿中均占第二位，是重要的铁矿工业类型。海相沉积锰矿，是锰矿床中工业价值最大的矿床类型。人类生活必须的盐类资源几乎都是由沉积作用形成的。由于海洋地质的发展，对海底由化学浓集形成的磷钙结核、锰结核和沉积金属矿床的研究取得了突破性进展，使其具有重大的潜在工业价值。因此，加强沉积矿床特征及分布规律的研究，具有重要的现实意义。

二、沉积矿床的特征

1. 沉积矿床常赋存于一定时期的沉积岩系或火山沉积岩系中，具有相对稳定的地质层位。

2. 沉积矿床规模一般很大，特别是海相沉积矿床，单个矿层可延长几十千米，含矿岩系则可达几百千米，厚度由几米至几百米不等，最厚可达千余米。

3. 矿体形态一般呈层状或透镜状，产状与围岩一致，并与围岩同步褶皱。

4. 矿石的矿物成分按其成因不同，可分为三种类型：一是由机械风化作用产生的原岩或原矿床中的稳定碎屑物质，如石英、自然金、磁铁矿、黑钨矿、锡石、金红石等；二是由化学风化作用产生的胶体物质，如高岭石、水云母、蛋白石、铁、锰、铝的氢氧化物等；三是沉积过程中形成的新矿物，如碳酸盐类、磷酸盐类、硅酸盐类、硫酸盐类、硼酸盐类、硅质类及金属矿物等。

5. 具有特殊的结构、构造。如矿石结构有碎屑结构、泥状结构、粒屑结构、乳滴状结构、生物结构等；矿石构造有层状、条带状及各种胶状构造（鲕状、肾状、结核状等）。

6. 主要矿产有：铁、锰、磷、钾、砾石、砂、石灰岩，铜、铅、锌金、铀、稀有分散金属等。

三、沉积矿床的分类

沉积矿床一般是根据沉积成矿作用进行分类的。本书将沉积矿床分为以下类型：

1. 砂矿床

2. 盐类矿床

3. 胶体化学沉积矿床

4. 生物化学沉积矿床

5. 火山沉积矿床

第二节　沉积矿床的形成条件

一、成矿物质的来源

丰富的物源供给是形成沉积矿床的物质基础。沉积矿床的成矿物质来源是多方面的，可归纳如下：

1. 来源于陆地风化的产物，这也是沉积矿床成矿物质最主要的来源。如陆地风化形成的物理、化学性质稳定，比重较大的碎屑物质是砂矿床的主要来源；以胶体形式搬运的物质是胶体化学沉积矿床的主要来源；以真溶液形式搬运的物质是盐类矿床的重要来源等。

2. 来源于海水。如海水是海相盐类沉积矿床最主要的成矿物质来源。

3. 来源于地壳深部岩浆活动、火山活动、水在渗流过程中从深部带来成矿物质。如海底火山喷发作用可产生大量的铁、锰、硅等胶体物质；火山喷气—热液中含有大量的铜、铅、锌、铝等物质。它们可以成为胶体化学沉积、火山沉积矿床的重要物质来源之一。

4. 其他来源。如生物在其生命活动过程中及死亡后分解产生的各种成矿物质，也是生物化学沉积矿床的重要来源，如鸟粪石矿（磷矿之一）石油、煤。另外，还有来自地球外部的宇宙物质等。

二、气候条件

良好的且适宜于风化、搬运与沉淀富集的气候条件对沉积矿床的形成是必不可少的。不同的沉积矿床形成时要求的气候条件不同。大多数沉积矿床形成时的有利气候条件是热带和亚热带的温热潮湿气候：一是这种气候条件下，风化作用强烈，有利于成矿物质从岩石中被彻底分解出来；二是这种气候条件下，雨水充足，有利于成矿物质的搬运；三是这种气候条件下有利于生物繁殖、活动，生物活动可提供各种腐植酸，为胶体的长途搬运创造有利条件。盐类沉积矿床的形成必须在干旱气候条件下进行，蒸发量超过补给量，特别是对溶解度很大的钾盐矿床，更是要求蒸发量大大超过补给量。

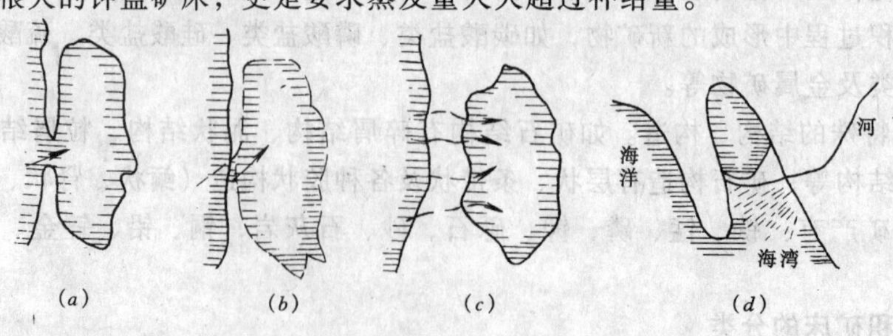

图 6-1　边缘海盆地的基本类型

（a）泻湖；（b）盐湖；（c）潜流湖；（d）残留湖

三、古地理条件

古地理条件对沉积作用的影响很大，对沉积矿床的形成具有明显的控制作用。对沉积矿床形成的古地貌环境研究表明：形成砂矿床的有利地貌单元是河床、河谷、阶地、岩溶盆地、湖和海的滨岸地带，其中特别是微地貌变化地段，象谷口、冲积扇、河流入海的三角洲、河流交会处等是最有利的沉积场所。有利于盐类矿床形成的古地理环境是地质历史上在相当长的时期内存在的封闭、半封闭的成盐盆地，如边缘海盆地（图 6-1）、多级海盆地（图 6-2）和内陆不泄湖等。铁、锰、铝的化学沉积矿床都是沉积在内陆湖泊和大陆边缘海或浅海陆棚地带。

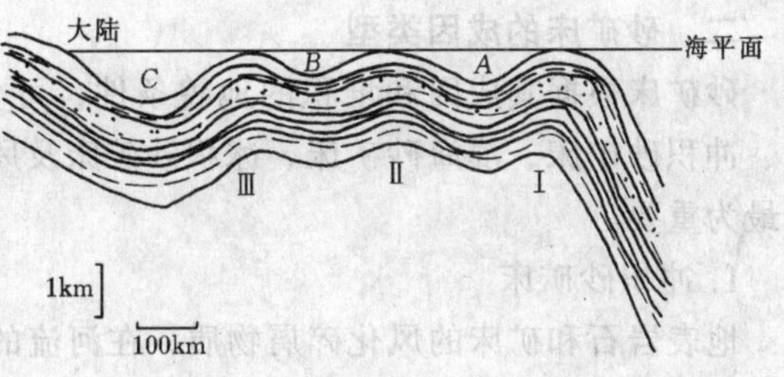

图 6-2　多级盆地示意剖面图

A、*B*、*C*—各级预备盆地；Ⅰ、Ⅱ、Ⅲ—隆起区

四、地质构造条件

地质构造运动对形成厚层的沉积矿床起着重要作用，要形成厚达数百米乃至数千米的含矿岩系，必须是地壳呈缓慢而长期的下降，沉积物的沉积速度与地壳的下降速度均衡。如果地壳上下振荡，幅度很小，可形成多层矿体，但单矿层厚度较薄。若升降幅度过大、频率过快，则沉积停止，不利于矿床的形成。

第三节　砂　矿　床

一、砂矿床的概念

砂矿床是指地表含矿岩石或矿床经受各种风化作用后形成的化学物理性质稳定、比重较大的矿物碎屑，在被水、风、冰川等介质搬运的过程中，由于搬运能力的逐渐减弱，按比重、形状、粒度不同，分级分批被分选后有规律的沉淀下来，使有用矿物聚集而形成的矿床。

砂矿床的主要成矿作用是机械沉积分异作用（如图 6-3，图 6-4），机械分异作用进行得越彻底，碎屑物质的分选就越完全，就越有利于砂矿床的形成。

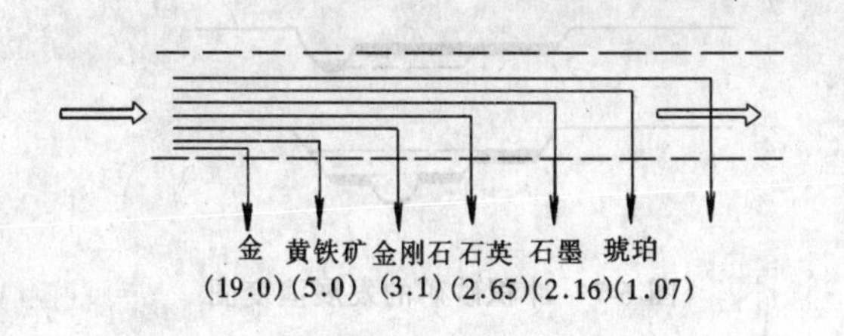

图 6-3　按比重大小的机械沉积分异简图

（当碎屑大小相等时）

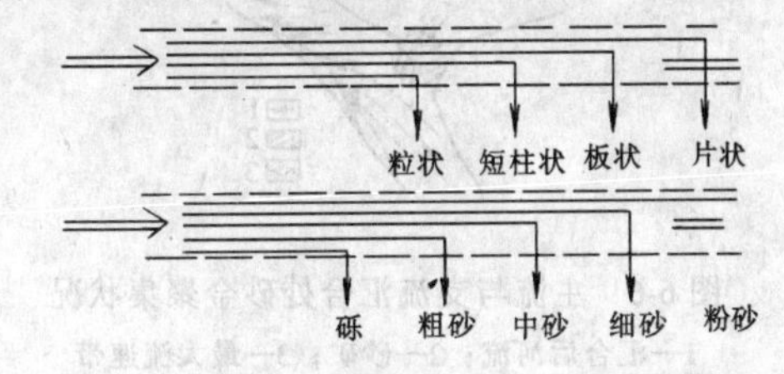

图 6-4　按形状、粒度大小的机械分异简图

（当碎屑比重相等时）

砂矿床中产出的矿产种类很多，有金、铂族、钨、锡、钛、铬、铌、钽、锆、稀土、金刚石、刚玉、水晶、石英砂及砾石等。其中，以金、金刚石、铂、锡石、锆石、宝石等砂矿较为重要。砂矿床的形成时代从前寒武纪到第四纪都有，按成矿时代可分为近代砂矿

（第四纪）和古砂矿（第三纪及其以前）两类。近代砂矿具有埋藏浅、产状平缓、松散易采、易选等优点。

二、砂矿床的成因类型

砂矿床根据其成因和堆积的地貌条件，可分为残积砂矿床、坡积砂矿床、洪积砂矿床、冲积砂矿床、滨海砂矿床、冰积砂矿床及风成砂矿床，其中以冲积砂矿床和滨海砂矿床最为重要。

1. 冲积砂矿床

地表岩石和矿床的风化碎屑物质，在河流的搬运过程中，经机械沉积分异作用，使有用矿物聚集形成的砂矿床称冲积砂矿床。

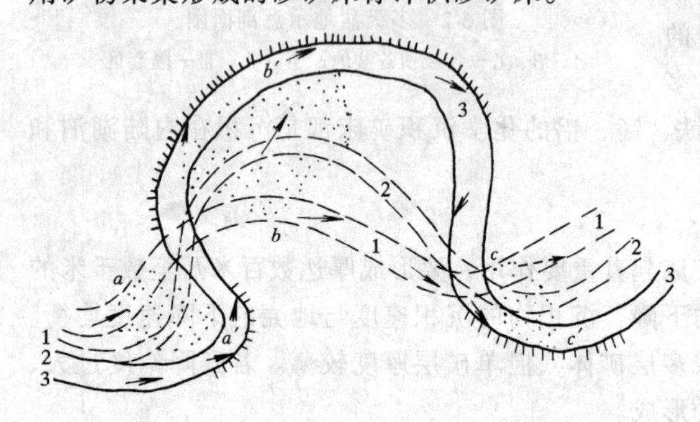

图 6-5 弯曲的河流中砂矿的分布和迁移

1—原来位置；2—中间位置；3—现在河流位置；河床在 a、b、c 即河流弯曲内侧生成。

河曲中箭头示向下游方向移动，于现在河流中形成 a′、b′、c′ 处矿床。因而产生了被埋没的富矿。

冲积砂矿床的成矿物质来源于河谷两岸或支流范围内的原生含矿岩石或矿床的风化产物。最有利形成冲积砂矿床的地段是河流的中游和中上游地区。冲积砂矿堆积的有利环境是：河曲的内侧（图 6-5），支、主流交汇处近侧下方（图 6-6），河流由窄变宽处。河底由陡变缓处，河流切割软硬不同的岩层时，河谷底部成锯齿状，在硬岩层内侧有利于重矿物聚集。在石灰岩地区由于岩溶而造成河底起伏不平，在凹坑中常聚集成矿。

冲积砂矿床的特征是矿床分布总体与河流相一致，矿体呈似层状、透镜状、条带状，可有数个层位。矿床延长可达几十千米，宽几十米至几千米。重矿物富集程度较高，常赋存在基岩上面的砾石层下部或冲积层的砂砾岩夹层中。沉积物的分选性和磨圆度均较好，并具有一定的层理。

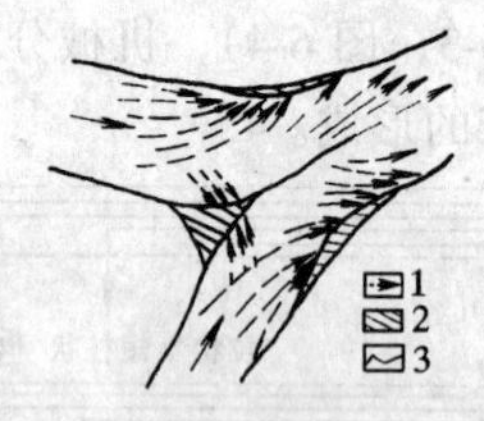

图 6-6 主流与支流汇合处砂金聚集状况

1—汇合后河流；2—砂矿；3—最大流速带

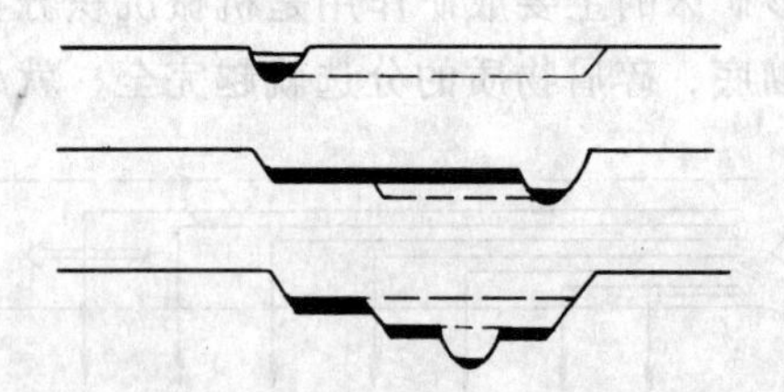

图 6-7 冲积砂矿的发展演变图

冲积砂矿床按其在河谷中的分布特点，可分为河床砂矿床、河谷砂矿床及阶地砂矿床。这三类砂矿床常常是相互联系、密切共生，其发展演化过程如图 6-7 所示。

(1) 河床砂矿床

河床砂矿床分布在近代河流的河道中，是正在形成的现代砂矿床，其主要特征是沉积物厚度不大，颗粒较粗，当河流进一步侧蚀改造时，就发展成为河谷砂矿床。

(2) 河谷砂矿床

河谷砂矿床分布在河谷底部和谷道附近，由冲积层构成的河漫滩阶地中，受河流侧向侵蚀堆积而成。河谷砂矿床是冲积砂矿床中最常见的一种，工业价值较大。其特征是冲积层具有明显的原生层理，含矿层靠近基岩的砾石层，并夹有泥炭层，矿层厚度较河床砂矿大得多。

(3) 阶地砂矿床

在构造上升区，由于河流的进一步下切，河床加深，早期形成的砂矿层高出河床水面，就形成了阶地砂矿床。在有些河流的谷地中，可以有几个不同高度的阶地砂矿称几级阶地砂矿床。

我国较大的冲积砂矿床有黑龙江呼玛、桦南，吉林珲春等地的砂金矿床，山东沂水流域，湖南沅水流域等地的金刚石砂矿床等。

2. 滨海砂矿床

滨海砂矿床是在海岸附近，由海水的波浪及岸流作用，经反复的机械沉积分异，使有用矿物聚集形成的砂矿床。

滨海砂矿床的成矿物质主要来源于河流搬运来的陆源碎屑、近岸岩石或矿床经海浪侵蚀冲刷而形成的有用矿物。其主要特征是矿床规模大，常分布在有大片基岩出露的上升海岸的滨海地带，大而富的矿体分布在河口附近或离河口不远的地方，矿层呈狭长的带状与海岸线平行，延伸可达数千米至数十千米，有的达数百千米，宽一般几十米，有的达千米以上，厚度常向海水方向尖灭。砂矿分选良好，粒度均匀，重矿物很集中，矿石品位高，易开采，具有很大的工业价值。

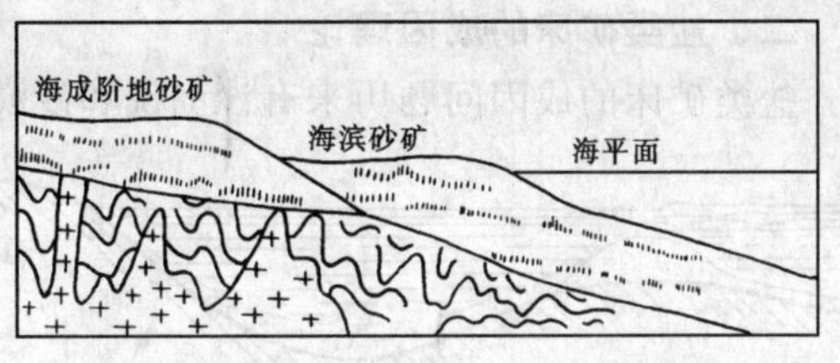

图 6-8 滨海砂矿及海成阶地砂矿剖面示意图

滨海砂矿形成后，如果地壳上升，海面下降，则构成海成阶地砂矿床（图 6-8）。如果地壳下降，海面上升，则形成埋藏的滨海砂矿床。我国海岸线很长，滨海砂矿资源丰富，如广东、海南、台湾、辽东半岛、山东半岛的金红石、锆石、独居石砂矿等。

第四节 盐 类 矿 床

一、盐类矿床的概念和特征

盐类矿床是指地表水以真溶液状态携带的某些溶解度较大的无机盐类，在比较静止的湖、海盆地中，通过自然蒸发作用，使各种盐类达到饱和结晶沉淀形成的矿床，又称蒸发沉积矿床。

盐类矿床的成矿作用主要为化学沉积分异作用。易溶解的盐类以真溶液形式被带入干燥地带的水盆地中，当水体的蒸发浓缩和碱化达到一定程度时，盐类矿物便逐步从溶液中析出并发生沉淀，析出与沉淀的顺序与其溶解度大小相反，溶解度小的盐类矿物（如碳酸钙、石膏、硬石膏等）先行沉淀，继之为石盐，最后是钾、镁盐类矿物的沉淀。从而形成盐类矿床特有的韵律层。盐类矿床具有以下特征：

1. 盐类矿床多产于红色碎屑岩系和蒸发碳酸盐相中，或盐层与黏土岩层呈互层构成的一套含盐岩系中，具有明显的沉积旋回。

2. 矿体呈层状、透镜状，也有呈液态状（卤水）。

3. 矿石多呈青白、淡红或无色透明。矿石结构主要是结晶粒状，一般以他形粒状结构居多。矿石构造呈块状、条带状、结核状等。

4. 盐类矿物多达百种以上，最主要有以下几类：

氯化物类：石盐（$NaCl$）、钾盐（KCl）、光卤石（$KCl \cdot MgCl_2 \cdot 6H_2O$）、水氯镁石（$MgCl_2 \cdot 6H_2O$）。

硫酸盐类：石膏（$CaSO_4 \cdot 2H_2O$）、硬石膏（$CaSO_4$）、芒硝（$Na_2SO_4 \cdot 10H_2O$）、泻利盐（$MgSO_4 \cdot 7H_2O$）、钾镁矾（$K_2SO_4 \cdot MgSO_4 \cdot 4H_2O$）、杂卤石（$2CaSO_4 \cdot MgSO_4 \cdot K_2SO_4 \cdot 2H_2O$）等。

碳酸盐类：水碱（苏打）（$Na_2CO_3 \cdot 10H_2O$）、天然碱（$Na_2CO_3 \cdot NaHCO_3$）。

硼酸盐类：硼砂（$Na_2B_4O_7 \cdot 10H_2O$）、硼钾镁石（$KMg_2B_{11}O_{19} \cdot 9H_2O$）。

硝 酸 盐：钠硝石（$NaNO_3$）、钾硝石（KNO_3）。

盐类矿床中含有丰富的矿产资源，如石盐、石膏、芒硝、天然碱等是人类日常生活和工农业生产必须的矿物原料，从盐类矿床中提取的镁、硼、锂、铷、铯、溴、碘等元素是现代工业和尖端科学技术发展中不可缺少的重要资源。

二、盐类矿床的成因理论

盐类矿床的成因问题历来有沙洲说和沙漠说两种假说。沙洲说认为，大型盐盆地都与大海有联系，盐类物质来源于海水，是海相沉积；沙漠说认为，盐盆地是沙漠盆地，与大海没有联系，是陆相沉积。一百多年来，沙洲说虽经过了多次补充修改，但它的基本观点仍一直占据着统治地位。

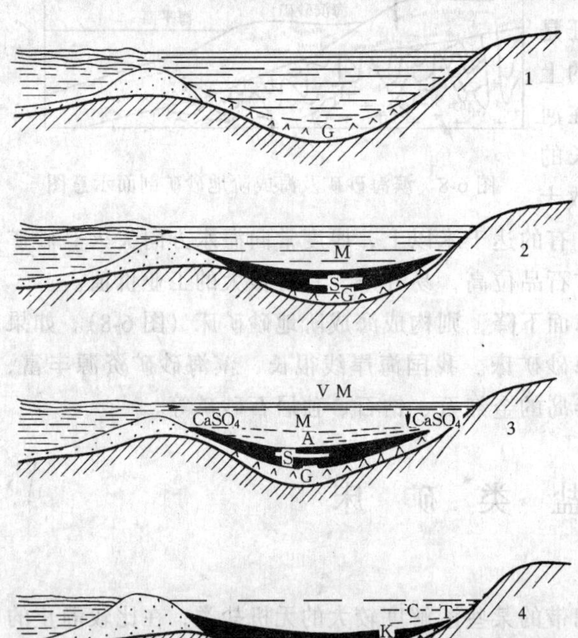

图 6-9　沙洲说的成盐过程图解

1—海水蒸发，在盐湾中沉淀石膏；2—蒸发更强烈，沉淀石盐，其上为母液；3—母液外溢，海水流入，上层母液淡化，沉淀硬石膏；4—沙洲上升露出海面，盐湾与大洋隔绝，从母液中相继沉淀钾石盐、光卤石等钾盐矿物，其上为盐泥层覆盖

G—石膏；S—石盐；M—母液；A—硬石膏；VM—淡化母液；K—钾石盐；C—光卤石；T—盐泥盖层

沙洲说是 1877 年德国的奥克谢尼乌斯提出的，他根据实验和对里海卡拉布哈兹湾的考查，认为盐类矿床是在与大海隔离的泻湖，因海水蒸发形成的。成盐盆地是一个海湾，它的出口处有沙洲和大海隔开。由于蒸发作用很强，海湾中水面低于大海海面，因而海水能周期性的流入海湾，海湾中盐分不断增高，最后成为卤水。卤水继续蒸发，各种盐类按照它们的溶解度从小到大的顺序，依次沉淀，由下而上形成白云岩、石膏、石盐、钾镁盐的层序。其成盐过程如图 6-9，在成盐过程中，海水进入量不大时，卤水被冲淡，就会沉积溶解度较低的盐类，这样就形成了两种或更多盐类组成的沉积韵律，如硬石膏—

石盐韵律、石膏—石盐—钾盐韵律等。如海水大量进入，卤水强烈淡化，则可以形成正常海相碳酸盐沉积。如果沙洲不断上升，海湾和大海最后完全隔绝，就结束了盆地的成盐过程。

随着盐类矿床研究工作的深入，新类型盐矿床的发现，有许多地质现象不能用沙洲说来解释，如古盐矿层中普遍不含化石；面积超过百万平方千米的巨厚层盐类矿床从何而来等。近年来，人们又提出了多种成盐假说，如多级分离盆地说、干化深盆说、深大断裂成盐说等。因此，盐类矿床应属多成因和多种成矿作用方式形成的，成矿物质也是多源的，对具体矿床应加以具体分析。

三、海相盐类矿床

海相盐类沉积矿床是由于海水蒸发浓缩在泻湖或封闭海湾中沉积形成的，矿床规模巨大，常能形成大型的钾盐矿床。最早的矿床见于寒武纪，以后各地质时代几乎都有这类矿床形成，现代成盐作用也可以看到，但规模较小。海相盐类矿床可分为两个亚类：

1. 含钾建造

主要盐矿物为石盐、钾石盐、硬石膏、光卤石、杂卤石、钾镁矾、无水钾镁矾等，伴生有益组分：硫、硼、钡、铷、铯、天青石、菱镁矿、萤石等，围岩中分布有石油、天然气、铜、锰、磷等矿产。含盐建造厚度从几百米至数千米。主要成矿时代为泥盆纪、二叠纪和第三纪。

加拿大萨斯卡彻温矿床是现在世界上最大而发现较晚的海相钾盐矿床，矿床产于泥盆纪海相碳酸盐岩系中，成盐盆地长1500km，宽300km，可分为三个成盐小盆地（图6-10）。西北部小盆地盐层厚度不大，阿尔伯达中部小盆地中有三层石盐，没有钾盐，南部的萨斯卡彻温盆地中盐层发育最好，盐层厚度达230m，主要盐类矿物为钾石盐、光卤石、石盐、硬石膏和少量白云岩，钾石盐矿石一般含 K_2O 为15%～25%，富矿含 K_2O 达25%～35%。

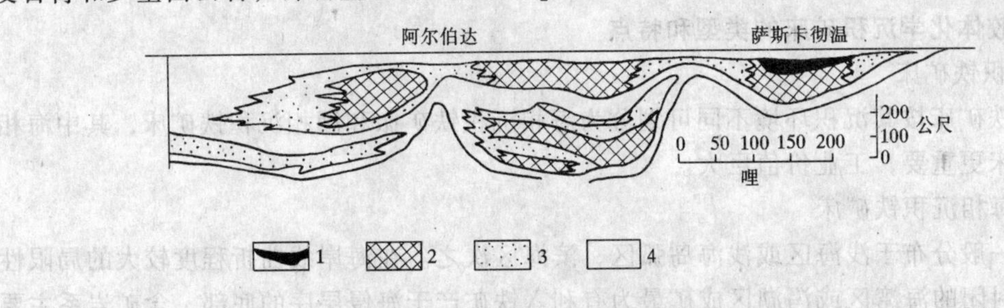

图6-10 萨斯卡彻温泥盆纪蒸发岩剖面图

1—钾盐；2—石盐；3—硬石膏；4—碳酸盐

2. 不含钾建造

主要盐矿物有：石盐、石膏、硬石膏，伴生有益组分有硫、天青石、萤石、重晶石，围岩中分布有石油、天然气、锰等矿产。含盐建造厚度从几十米至几百米，分布较广泛，如我国山西沁水盆地奥陶纪的石膏矿床。

四、陆相盐类矿床

此类型包括现代内陆盐湖和各地质时代的陆相盐类矿床，它们均产于内陆湖盆地中。主要矿物是石盐和石膏。此外，还有钙芒硝、钾石盐、杂卤石、泻利盐等。伴生有益组分有天青石、萤石、硼酸盐、碘等，围岩中分布有铜、多金属矿产等。含盐建造为红色砂页岩系，厚度从十几米至一百米左右。陆相盐类矿床一般产钾盐较少，但也有个别达工业规模的钾盐矿床，如柴达木盆地中察尔汗盐湖的钾盐矿床是一个正在沉积的陆相钾盐矿床。

第五节　胶体化学沉积矿床

一、胶体化学沉积矿床的概念与特征

胶体化学沉积矿床是指成矿物质主要呈胶体溶液形式被搬运到湖、海盆地中，由于环境的改变而沉积形成的矿床。

胶体化学沉积矿床的成矿作用以胶体化学沉积分异作用为主。在表生带中，除少数易溶盐类呈真溶液形式搬运外，许多难溶物质，如铁、锰、铝及黏土等往往呈胶体形式被大量搬运。要使胶体物质能够被长距离稳定搬运，河水中必须有能促使其稳定存在的护胶剂。自然界的腐植酸被人们认为是最重要的护胶剂，它与胶体质点结合形成稳定性较强的腐植酸络合物，但腐植酸的数量过多或不足均会引起胶体物质的凝聚和沉淀。胶体化学沉积分异作用的实质是胶体的聚沉作用和溶液向凝胶的转变作用。胶体聚沉的主要原因有：一是体系电解质浓度的提高（包括高电解质浓度溶液的加入和蒸发作用使体系本身电解质浓度的提高），而引起的胶体聚沉；二是具有相反电荷的两种胶体溶液相遇而引起胶体聚沉。

胶体化学沉积矿床多分布在大陆边缘的浅海地带，矿层常产于一定地质时代的沉积岩系或火山沉积岩系内，其分布和延长方向大致与海岸线平行，层位稳定。矿石成分主要为金属氧化物、氢氧化物、碳酸盐、硅酸盐以及部分硫化物。矿石具有典型的鲕状、肾状、结核状、豆状等胶状构造。重要的胶体化学沉积矿床主要有铁、锰、铝等，它们的矿石品位均匀，易于勘探和开采，矿床工业价值较大。

二、胶体化学沉积矿床的类型和特点

1. 沉积铁矿床

沉积铁矿床按其沉积环境不同可划分为海相沉积铁矿床和湖相沉积铁矿床，其中海相沉积铁矿床更重要，工业价值巨大。

（1）海相沉积铁矿床

矿床一般分布于浅海区或浅海岛弧区，滨海区次之。在海岸线曲折程度较大的局限性海盆、半封闭的海湾区或泻湖区成矿最为有利。铁矿产于海侵层序的底部，含矿岩系主要为砂页岩系。在海侵初期沉积的较单一的碎屑岩相和海侵高潮所形成的较单一的碳酸盐相中，铁矿通常较贫。铁矿在海盆地中，由于物理、化学条件不同，从近岸浅海到海水较深处，矿物相呈有规律的变化（图 6-11），可分为四个矿物相带。

氧化物矿物相带：分布于近海岸的浅水富氧地带，E_h 值较高（多大于 0.2），铁矿物为高价铁形成的氧化物和氢氧化物，如褐铁矿、赤铁矿等。

硅酸盐矿物相带：离海岸稍远的地带，海水变深，E_h 值变低（多介于 0.2～0.1 之间），这时水中游离的硅酸开始起作用，形成铁的硅酸盐矿物，如海绿石、鲕绿泥石等。

碳酸盐矿相带：位于离海岸更远、海水更深的地带，E_h 值介于 0 ～ -0.3 之间，处于弱还原环境，在这里有机质分解产生大量的 CO_2，使环境富含 HCO_3^-，沉积的铁矿物以菱铁矿等低价铁碳酸盐为主。

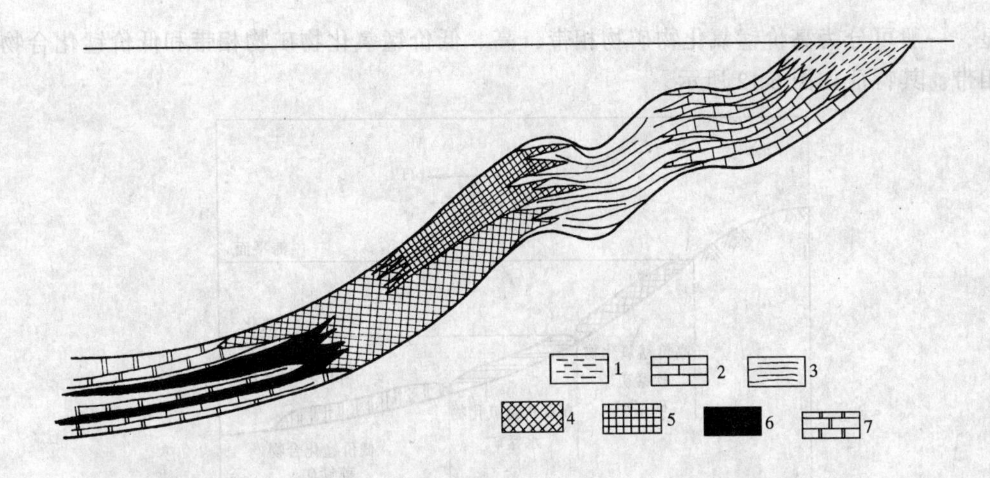

图 6-11　海相沉积铁矿床矿物相带特征示意图

1—具微细层理的粉砂质泥岩；2—含硅—铁质石灰岩；3—碧玉；4—绿泥岩—菱铁矿—磁铁矿矿石；5—赤铁矿矿石；6—锰矿石；7—含铁—锰质的石灰岩

硫化物矿物相带：在距海岸更远的深水地带，E_h 值介于 $-0.3 \sim -0.5$ 之间，在细菌的活动下，有机物分解产生大量的 H_2S，使环境处于强还原状态，沉积的铁矿物主要为黄铁矿、白铁矿等。

上述四个矿物相带常是渐变过渡的。四个矿物相连续而完整的发育形式在自然界比较少见，多数情况下只出现其中的一部分。

矿体主要呈层状，其次为透镜状，层位稳定。沿走向可延长数十千米，甚至数百千米，厚度变化大，由数十厘米至数米，甚至数十米。矿石矿物主要为赤铁矿、褐铁矿，有时为菱铁矿、鲕绿泥石等。共生矿物有石英、绿泥石、高岭石、方解石等。硫化物以黄铁矿最为普遍。矿石呈鲕状、肾状及块状构造。矿石含铁品位中等，一般为 20%～50%，储量可达数十亿吨，矿床规模大。有时含锰、钒、磷等可综合利用。

我国沉积铁矿的形成时代较多，但较重要的有北方中元古代的宣龙式铁矿，南方中、晚泥盆世的宁乡式铁矿，西部新疆一带早石炭世的和静式铁矿。

(2) 湖相沉积铁矿床

这类矿床是由陆表水系搬运的铁质胶体在湖沼盆地边缘的浅水地带沉积形成的，含矿岩系为粗砂页岩及煤系地层。矿体呈透镜状、薄层状产出，沿走向和倾向很不稳定。矿石矿物主要为赤铁矿、含水赤铁矿、褐铁矿、菱铁矿等。矿石具鲕状和结核状构造。矿石品位变化较大，含有机质、磷、硫高，矿床规模小，宜于地方开采。典型矿例如我国淮南石炭-二叠纪煤系中的菱铁矿矿床，四川綦江侏罗纪赤铁矿矿床等。

2. 沉积锰矿床

沉积锰矿床数量多、分布广、规模大。矿床的成因类型与沉积铁矿一样可分为海相沉积锰矿床和湖相沉积锰矿床两类，其中海相沉积锰矿为锰矿最重要的工业类型。

(1) 海相沉积锰矿床

海相沉积锰矿床形成于浅海陆棚地带，沿古陆边缘分布。含矿岩系由粉砂岩、黏土岩、硅质岩或硅质灰岩组成，位于海侵层序的下部或底部，层位稳定。沉积锰矿与沉积铁矿一样，离海岸由近到远，矿物相也出现有规律的变化，这种变化比沉积铁矿的变化更为明显，一般可分为高价锰氧化物矿物相带，高、低价锰氧化物矿物相带和低价锰化合物矿物相带。其特征如图 6-12 所示。

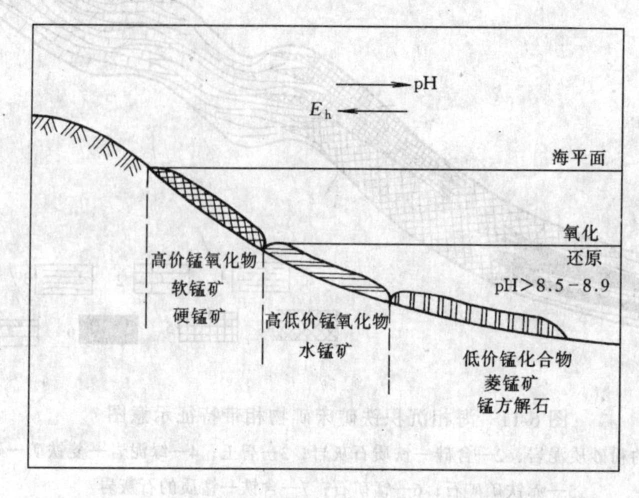

图 6-12　沉积锰矿床矿物相带特征示意图

各种矿物相带的发育程度与海盆地底部的倾斜程度有关，若盆地底部倾斜较缓，上述各矿物相带发育完全，并可延长达数千米。反之，矿物相带发育不完全。

矿体呈层状、透镜状产出。矿石矿物为软锰矿、硬锰矿、水锰矿和菱锰矿，伴生矿物有蛋白石、绿泥石、海绿石等。矿石具有鲕状或块状构造。矿石品位较高。这类矿床在我国主要成矿时代为震旦纪、泥盆纪、二叠纪和三叠纪。著名的矿例如湖南的湘潭锰矿，辽宁的瓦房子锰矿，贵州的遵义锰矿，云南的白显锰矿等。

(2) 湖相沉积锰矿床

此类矿床形成于内陆湖泊和沼泽，含矿岩系多由砂岩、页岩组成。矿体由锰和铁的氢氧化物形成的结核构成，含锰低而含铁高。矿石品位低，含杂质较多，矿床规模小，工业价值小。

3. 沉积铝土矿矿床

我国铝土矿矿床分布广、储量大，居世界前列。主要形成于石炭纪和二叠纪。按沉积环境不同，铝土矿矿床可分为以下两种类型：

(1) 海相沉积铝土矿矿床

海相沉积型铝土矿矿床占世界铝土矿总储量的 15%，矿床规模一般较大，矿石品位高，易于开采，是铝矿重要的工业类型。这类矿床主要沉积在海盆地的边缘地带，产于碳酸盐岩层侵蚀间断面之上的海侵初期岩系的底部。矿体呈层状或透镜状，延伸可达数千米，厚度一般为 3~5m，厚者可达 20m。矿石中矿物成分较为单一，通常古生代铝土矿主要由一水软铝石和一水硬铝石组成，中生代铝土矿则由三水铝石组成。伴生矿物为针铁矿、含水针铁矿、高岭石、鳞绿泥石等。矿石具有典型的鲕状、豆状构造。如我国山西孝义、山东淄博、河南巩县、贵州修文等地石炭纪铝土矿矿床均属此类。

(2) 湖相沉积铝土矿矿床

此类矿床形成于大陆湖泊中，常与陆相沉积的砂岩、页岩成互层，或产于煤系地层中。矿体呈似层状、透镜状，沿走向常不稳定，可相变为黏土。矿石主要为三水铝土矿。

矿石构造以鲕状、豆状为主，矿床规模一般较小。我国主要分布在河北、山东、辽宁一带。

第六节　生物化学沉积矿床

一、概述

在地表，生物种类繁多，其活动范围非常广泛，组成生物的元素多达60余种。生物在其生命过程中及死亡后，其产生的各种物质对地表岩层的改造和对各种元素的迁移、富集起着巨大的作用，这种巨大的作用，称为生物化学作用。在一定的地质条件下，凡是由生物化学作用促使有机的或无机的成矿物质在适宜的环境中聚集、沉积形成的矿床，称为生物化学沉积矿床。

生物化学沉积矿床除具有一般沉积矿床的特征外，还具有在矿层内常含化石或有机质，矿层与富含有机质的页岩、砂岩、碳酸盐岩共生等特征。生物化学沉积矿床的主要矿产有磷、自然硫、钒、铀、铁、锰，以及铜、铅、锌、钴、镍、钼、黄铁矿等。其中，磷块岩矿床占我国磷矿探明储量的第一位，是磷矿最重要的工业类型；层状金属硫化物矿床规模巨大，产出铜、铅、锌、钴、镍、钼等多种金属元素，是极具前景的矿床类型。

二、生物化学沉积矿床的类型

1. 磷块岩矿床

(1) 概述

磷在地壳中克拉克值为0.12%。磷一般不进入造岩矿物，90%的磷以磷灰石存在，含P_2O_5达5%～8%的沉积岩通常称为磷块岩。磷块岩主要由非晶质的胶磷矿、细晶质的磷灰石和陆源碎屑矿物组成。陆源碎屑矿物包括石英、海绿石、黏土矿物、方解石、白云石等。当磷块岩中的P_2O_5富集达到工业要求时，便成为磷块岩矿床。许多磷块岩矿床中伴生有稀有元素和放射性元素，应注意其综合利用价值。

磷矿是一种重要的化工矿物原料，其中90%用于制造磷肥，部分用于化工原料，用以提取白磷、赤磷、磷及其他磷酸盐的矿物原料。而磷矿的80%来源于磷块岩矿床。因此，磷块岩矿床的研究和寻找，对我国现代化农业的发展具有重要的意义。

(2) 磷块岩矿床的成因

磷块岩矿床的成因理论有多种，其中流行最广的是“洋流上升成矿说”，这一学说是建立在A.B.卡查可夫（1937年）关于沉积磷块岩化学沉积理论的基础之上，他根据海洋学和水化学的资料研究了近代海水中磷的分布情况后认为：上部海水层是浮游生物的活动地带，在约60m深度内几乎不含磷，一般低于2～5mg/m³，最大含量为50mg/m³。海水中的磷已被生物大量吸收，该地带CO_2分压低（小于30.39Pa，即3×10^{-4}大气压）；当生物死亡后向海底下沉，将表层磷带到深部。由于有机物分解出CO_2，因而随着深度增加，CO_2含量不断升高，海水溶解磷的能力不断增强；在海平面以下300～400m、大约到1000m深处，CO_2分压力为1.2156×10^2Pa（为12×10^{-4}大气压），生物遗体至此完全分解，海水含磷量高达1000mg/m³；当深部富磷海水上升到陆缘带时，随着深度愈来越小，CO_2分压降低，致使磷灰石沉淀析出（图6-13）。什么因素促使洋流上升呢？60年代谢尔登等通过详细研究后认为，洋流上升与表面洋流循环作用有关，而表面洋流循环，则由信风及

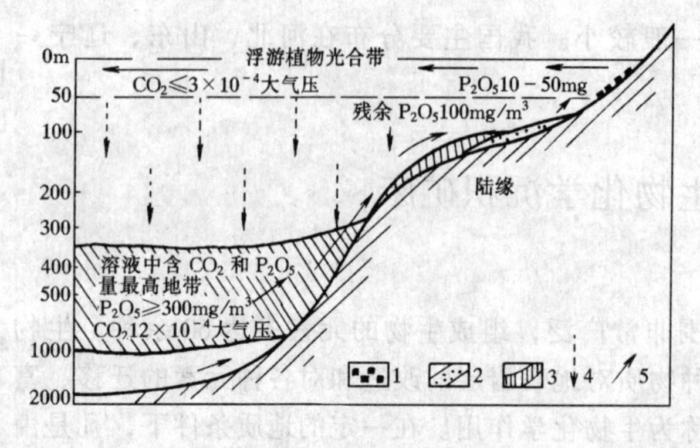

图 6-13 磷块岩的形成模式

1—海滨砂和砾石相；2—磷块岩相；3—泥质和灰质沉积物相；4—浮游生物遗骸下沉方向；5—上升洋流方向（据 A.B. 卡查可夫）

海水温差所引起。发生在低纬度区的信风带，在北半球由东北向西南运动，而在南半球则由东南向西北方向移动，这样造成赤道暖流沿大洋西缘流向两极，两极的冷流沿大洋东缘流向赤道，形成一个封闭系统；由于表层温度较高的海水流动，致使深部温度较低的海水向上补充，形成升流，称之为洋流辐射现象，在海岛沿岸，上升流尤为明显。升流使富磷矿的海水在沿岸析出了沉积磷块岩。近代和古老的磷块岩矿床均沉积在南北纬40°之间的温暖气候带。

含磷岩系和磷矿层的形成，也与当时的构造条件关系极密切。活动大、沉降幅度大的地带对形成厚大矿层有利，形成碳酸盐—硅质岩—磷块岩建造，矿层厚度大。

(3) 磷块岩矿床类型

根据矿物成分和矿石构造特征，可将磷块岩矿床分为层状磷块岩矿床和结核状磷块岩矿床两类。

1）层状磷块岩矿床

矿体呈层状或透镜状产出，矿层常与硅质岩及碳酸盐呈互层，特别是和白云岩呈互层。矿石矿物主要由胶磷矿和细晶磷灰石组成，矿石中的P_2O_5含量一般为26%～30%。矿石多呈致密块状、鲕状构造，鲕核为石英、胶磷矿、方解石，胶结物为碳酸盐、二氧化硅和磷酸盐等。矿层厚度大，层数多，矿床规模大，常和Mn、Ni、V、U、稀有元素等共生，可综合利用。属此类型矿床的有湖北的荆襄磷矿、云南的昆阳磷矿（见实训十二）等大型矿床。

2）结核状磷块岩矿床

矿床多产于黏土岩、碳酸盐岩和海绿石砂岩中。矿体呈层状，矿层由球状、肾状、饼砾状及不规则的磷酸盐结核组成。矿石矿物主要为含水氟碳磷灰石，伴生矿物为石英、海绿石、黏土矿物、生物碎屑等。矿石品位一般较低，含P_2O_5为12%～28%。矿层中含有丰富的化石，多已磷酸盐化。矿层较薄，且不稳定，矿床规模一般较小。如南京附近的结核状磷块岩矿床。

我国南方古生代海相地层中，几乎都有含磷层位存在，个别地区的中生代、新生代地层中亦有磷酸盐化现象。但最有工业意义的成矿时代是中、晚震旦世（如开阳、襄阳磷块岩矿床），早寒武世（如昆阳磷矿床），泥盆纪（如四川什邡磷矿床）和二叠纪（如浙江、江苏的磷矿床）。

2. 层状金属硫化物矿床

层状金属硫化物矿床系指产在沉积岩系中的层状铜、铅、锌、钴、镍、钼和黄铁矿等金属硫化物矿床。此类矿床多规模大，矿体呈层状，在空间分布上严格受地层层位控制，与围岩呈整合产出。矿层厚度小，但分布面积大，延伸十分稳定，甚至在厚度小于10cm

的情况下也很稳定。矿层中有较多的生物化石。矿石成分简单，常具有显微球粒结构，浸染状、条带状或团块状构造。

层状金属硫化物矿床的类型众多，其中以砂（页）岩型铜矿床最为重要。其铜矿储量占世界铜矿总储量的30%，占我国铜矿总储量的23%。它的最大特点是含铜岩系颜色杂，主要由紫色层（暗红、褐红、褐、紫色等）或浅色层（灰青灰、绿色等）组成。岩石类型为砂岩、粉砂岩、页岩、砾岩以及碳酸盐岩。含矿岩系中常含有较多的有机质或植物残骸。矿石矿物有黄铜矿、辉铜矿、斑铜矿以及自然铜等，次生矿物有孔雀石、蓝铜矿等，并常伴生有黄铁矿、方铅矿、闪锌矿和一定数量的银、铀等。矿石品位高，一般含铜1%~3%，高的可达26.08%。

硫化物中硫是来源于淤泥水中由厌氧细菌所产生的S^{2-}。层状金属硫化物矿床都是在还原条件下形成的。现一般认为，由生物作用分解水中的硫酸盐和生物遗体腐烂时所产生的硫化氢，是成矿作用的重要因素。

生物化学沉积矿床的类型，除上述磷块岩和层状金属硫化物矿床外，还有沉积铅锌矿床、沉积镍钼矿床、沉积自然硫矿床及硅藻土矿床等。

*第七节 火山沉积矿床

一、概述

火山沉积矿床是指来源于火山活动（包括火山喷发、火山喷气、火山热泉活动）的成矿物质，在海底或陆相盆地中通过正常的沉积成矿作用形成的矿床。火山沉积矿床通常产于海相或陆相火山沉积岩系中，特别是火山碎屑岩（以凝灰岩为主）中，也有少量产于不属于海侵层序正常沉积的砂、泥岩或碳酸盐岩石中。矿体呈层状、似层状、透镜状，与上下岩层呈整合接触。矿层与火山岩或火山沉积岩呈互层产出。沿水平方向矿层有时逐渐过渡为火山岩，矿层中常含有火山碎屑岩。矿石矿物以低价氧化物和硫化物为主。矿石具有层纹状、条带状和浸染状等构造。

二、火山沉积矿床的类型

根据火山活动和矿床的形成环境，火山沉积矿床的成因类型可分为陆相火山沉积矿床和海相火山沉积矿床两大类。

1. 陆相火山沉积矿床

陆相火山沉积矿床数量较少，目前有工业价值的只发现有铁、硼矿床。

陆相火山沉积铁矿床的贫铁矿体主要产于火山碎屑岩（特别是凝灰岩）中，呈层状或似层状，延长可达几千米，厚度变化较大，从0.5~2.0m。由于多次喷发，矿床常含有多个矿层。矿石为细粒结构、浸染状构造。贫矿矿石品位为15%~30%，贫矿层中部或底部夹有富矿体，两者为渐变关系，品位约40%~50%，其成矿方式一般认为与火山喷发晚期的喷气—热泉沉淀作用有关。矿石矿物以赤铁矿、镜铁矿、假象赤铁矿为主，含少量磁铁矿，金属硫化物极少。矿床规模以中小型为主。我国属此类型的矿床有安徽庐江的盘石岭铁矿，宁芜地区的龙旗山式铁矿等。

2. 海相火山沉积矿床

海底火山沉积矿床的特征是，矿床规模可达大型，延伸可达数百千米甚至一千多千米。矿体呈层状、透镜状，产于海相喷发岩系中。矿石结构多为细粒，矿石构造复杂，有条带状、块状、浸染状等。矿石成分较为简单，重要的矿产有铁、锰、铜、黄铁矿等。

黄铁矿型矿床（块状硫化物矿床）：此类是较典型的、重要的海相火山沉积矿床。矿床产于优地槽发展早期海底喷发的富钠或富钾、钠的火山岩系中，含矿建造为细碧—角斑岩系列，也有安山—流纹岩系列。矿石矿物成分以黄铁矿为主（可多达90%以上），另有黄铜矿、斑铜矿、黝铜矿、闪锌矿、方铅矿等，是铜矿、多金属和黄铁矿的重要来源。含铜品位0.8%～2%，高的可达10%以上，伴生有Ga、Ge、Cd、Ag、Au、Se、Te等元素，可综合利用。若气候、地形条件适宜，常可形成次生富集带。矿石具有块状、浸染状、网脉状构造，矿石结构有胶状结构、压碎结构、变余结构。含矿构造大部分遭受区域变质作用，常伴有围岩蚀变现象，如硅化、绢云母化、重晶石化、绿泥石化等。这类矿床在世界各国均有典型矿区，如日本的黑矿、塞浦路斯铜矿、我国甘肃白银厂铜矿床等。

现代海底火山沉积锰质结核矿床：锰质结核在海洋中分布的海域主要为水深约4000～6000m的海盆地底部，其次为海沟、海台地等。锰质结核的大小不一，一般直径在0.5～0.25cm左右，个别大的可达1m以上。表面呈黑色或黄褐色，含铁高者呈红色。锰结核主要由核心碎屑物和含矿外壳组成。核心碎屑物主要为熔岩及火山碎屑岩的碎屑，尤以晶屑、玻屑和玄武质凝灰岩的岩屑占优势，有时还见有各种生物残骸。含矿外壳成分很不均匀，不同成分的层围绕碎屑核心组成薄薄的同心圆或同心圆球构造。锰结核的组成矿物除各种碎屑物和有机质外，锰矿物主要为钡镁锰矿、钠水锰矿、偏锰酸矿、硬锰矿。铁矿物主要为水针铁矿、针铁矿。非金属矿物主要为蒙脱石、钙十字石。锰质结核中除了铜、钴、镍、锰具有利用价值外，还含有铁、钡、锌和铝等20余种有用金属，同时还浓集了10余种稀有分散元素及放射性元素，如铀、钸、铌等。到目前为止，只有太平洋底的锰结核具有工业意义，且以北太平洋最为富集。

思考题

1. 沉积矿床的概念及主要沉积成矿作用。
2. 简述沉积矿床的主要特征。
3. 影响沉积矿床形成的主要因素有哪些?
4. 砂矿床的主要成因类型及特征。
5. 冲积砂矿沉积的有利环境有哪些?
6. 简述盐类矿床的形成条件。
7. 盐类矿床主要产出哪些矿产?
8. 什么是沙洲学说?
9. 胶体化学沉积矿床是怎样形成的?
10. 沉积铁矿床的主要类型及特征。
11. 海相沉积锰矿床的矿物相为什么会出现有规律的分带现象?
12. 生物在生物化学沉积矿床中起哪些作用?
13. 简述生物化学沉积磷块岩矿床的主要类型及其特征。
14. 简述火山沉积矿床的概念及特征。
15. 为什么说现代海底沉积的锰质结核矿床有巨大、潜在的工业价值?

*第七章 燃 料 矿 床

燃料矿床是指在一定的地质环境下，通过沉积—成岩作用所形成的可供工业开采和利用的地下可燃有机物质自然聚集体。按其形态一般可分为三类：1. 固态燃料矿床，如煤、油页岩、天然气水合物等；2. 液态燃料矿床，如石油等；3. 气体燃料矿床，如天然气等。燃料矿床形成的条件概括为三个方面：1. 具备较丰富的有机物质来源，是形成燃料矿床的物质基础。2. 对形成煤来说需要植物遗体不致全部被氧化分解；要形成石油和天然气，则必须有合适的热能在足够的时间内促使石油、天然气成熟。3. 理想的地质构造条件有利于有机碳的聚集与保存，或使烃类迁移、圈闭，防止烃类逸失。本书仅重点介绍煤、石油的矿床地质特征及成因。

第一节 煤

在大陆低洼地区和滨海潮上带的沼泽中，可沉积大量植物的遗体残骸，在其迅速被泥、砂掩埋后，经煤化作用就会形成煤；部分腐泥质与较多的碎屑物混合，经沥青化作用(又可称腐泥化作用)，会形成油页岩。

一、煤的形成

图 7-1 简明扼要地说明了煤的形成过程。煤化作用发生在泥炭层上覆沉积层达到一定厚度时，即地温升高到 40℃以上、压力超过 25×10^5Pa 之后开始；形成烟煤的温度、压力则更高，上覆沉积盖层通常超过 300m。随着深度的加大，温度压力的升高，还会使烟煤向无烟煤转化。无烟煤受到强大的动力作用或岩浆热力烘烤，还可转化为石墨。

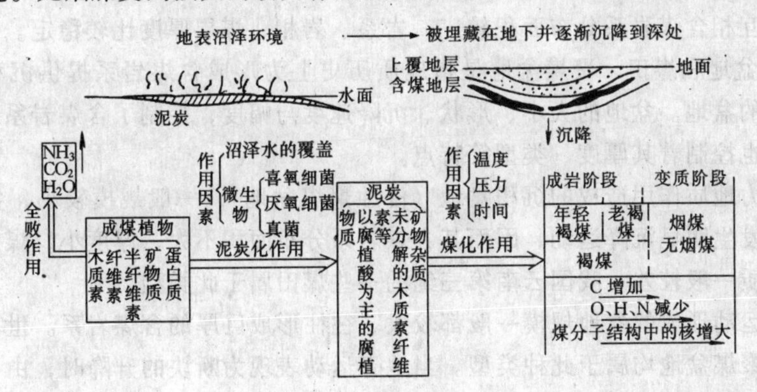

图 7-1 成煤作用示意图

(引自袁见齐等，《矿床学》，1985)

二、煤的成因类型

根据成煤植物性质及其形成的地质环境分为两大类型：1. 腐植煤，由高等植物在沼泽盆地中形成；2. 腐泥煤，由低等植物在湖沼中形成。自然界中分布最广、蕴藏量最大的是腐植煤。根据腐植煤的煤化程度可分为泥炭、褐煤、烟煤和无烟煤。

泥炭多呈棕褐、黑褐色，含水10%～35%，风干后呈土状碎块。其中可含大量未分解的植物残体和木质素、腐植酸等。含碳量55%～62%。可做燃料、肥料和化工原料。

褐煤呈褐、暗褐色，光泽暗淡，含水8%～18%，含腐植酸，但不含未分解的植物残体。褐煤碎屑在稀 HNO_3 中呈红色。含碳量60%～76%，用做燃料，但发热量较低。

烟煤呈黑色，硬度高于褐煤，光泽较亮，常具亮暗相间的条带。相对密度1.2～1.4，含碳量77%～92%，燃烧时有烟。烟煤是自然界分布最广、储量最大的煤种，是最主要的工业和生活用煤。

无烟煤呈灰黑色，有时可显半金属光泽，相对密度1.4～1.8，含碳量89%～98%，燃烧时无烟，火焰较小。可作燃料和化工原料。

三、煤层、含煤岩系、聚煤盆地和煤田

1. 煤层　煤层是自然界中植物遗体聚集层经成煤作用后形成的可燃有机岩层，是人们开采的对象。煤层由煤与混入的矿物质及沉积夹石层所组成。在煤层下面的沉积岩称为煤层的底板，盖在煤层上面的沉积岩叫煤层的顶板。

2. 含煤岩系　简称煤系，是指聚煤盆地中的一套含煤层的沉积岩系。在岩性组成上，主要为一套黑色、灰色和灰绿色等颜色较暗的砂、页岩为主的沉积岩层，有时也可含石灰岩和铝土岩层。煤系中含丰富的植物化石，且多集中于煤层的附近，底板多见根化石，顶板多为叶化石。按沉积相特征可分为陆相和海陆交互相。它代表潮湿气候条件下植物繁茂发展的沉积环境。

陆相含煤岩系又可分为山麓相、河流相、湖泊相和沼泽相。含煤岩系以碎屑岩为主，岩性在横向上和垂向上的变化都较大，有时可出现湖相泥灰岩。

海陆交互相含煤岩系也称为近海含煤岩系，其沉积区往往是滨海平原或海边的三角洲、泻湖、海湾及浅海。随着地壳轻微的升降运动，这些地区时而被海水淹没成为浅海，时而又成为陆地而发育着大片的沼泽地。所以在煤系中既有海相沉积物，又有陆相沉积物。海陆交互相含煤岩系分布面积较广，岩系、岩相、煤层厚度比较稳定。

3. 聚煤盆地和煤田　聚煤盆地是指地质历史上为形成含煤岩系提供沉积场所的一个构造单元内的盆地。盆地的大小、形状、沉降速度与幅度，控制了含煤岩系岩性特征和其分布状况，也控制着其厚度、类型等特点。

由外动力地质作用造成的沉积盆地（侵蚀聚煤盆地），一般规模较小，盆地基底起伏明显，也未发生明显沉降运动，因而其含煤岩系分布面积不大，厚度小，煤层薄，有时呈透镜状，煤质一般较差。我国云南第三纪的一些煤田属于此类型。

由地壳运动形成的盆地规模一般都较大、往往形成巨厚的含煤岩系。世界上具有重要工业意义的聚煤盆地均属于此种类型。当地壳运动表现为断块的升降时，由下陷断块造成的盆地称为断陷聚煤盆地，其特点是盆地的一侧或两侧有断裂分布，基底面不连续，如辽宁阜新的聚煤盆地。当地壳运动表现为区域性下拗，盆地中心下降幅度大、四周下降幅度小时，称为坳陷聚煤盆地。其特点是盆地坳陷的范围大，含煤岩系在盆地中心厚度大，向外逐渐减薄，逐渐过渡为非含煤岩系。我国华北石炭—二叠纪的煤系就是在这类广阔的坳陷盆地中形成的。

聚煤盆地经后期构造变动所保留下来的若干个产煤区域叫煤田，其大小差异较大，小的面积在数平方千米至数十平方千米，大的面积达数千平方千米。一个聚煤盆地中可以形成多个煤田。在一个煤田中，又可按地质、开采条件等划分出若干个含煤地段或煤矿区。

四、煤的分布与时代

我国是世界煤矿蕴藏量最丰富的国家之一，已查明资源储量居世界前列。但我国煤炭资源分布很不均匀，较集中于新疆（北疆）、内蒙古和华北、东北地区，南方除贵州外，煤炭资源普遍贫乏。主要的聚煤时期为石炭纪、二叠纪、三叠纪、侏罗纪、白垩纪和第三纪，其中以石岩纪、二叠纪、侏罗纪和第三纪最为重要。

第二节 石 油

一、石油的成分与性质

石油又叫原油，是一种从地下开采出来的可燃性油状有机质液态物质。主要是由碳氢化合物加上其他化合物构成。纯粹由碳和氢元素组成的化合物称为烃。烃可分为几个族。石油主要由烷烃（C_nH_{2n+2}）、环烷烃（C_nH_{2n}）、芳香烃（C_nH_{2n-6}）等组成，还含少量硫、氮、氧的非烃化合物，其中重要的硫化物是硫化氢和有机硫化物。石油中以 C、H、O、S、N 等元素含量最高，此外还有 Fe、Al、Mg、Cu、Pb、Zn 等 30 多种微量元素；碳平均含量达 82% ~ 87%，氢平均含量为 11% ~ 14%，其余元素一般不超过 1%。

石油是一种多组分的液态有机物。为浅绿色、棕色、黄黑色的油脂状液体，相对密度为 0.75 ~ 0.98。相对密度 >0.9 的称重质石油，其颜色深，黏度较大；相对密度 <0.9 的称轻质石油，颜色浅。在紫外线照射下显示荧光，这是鉴定是否含石油的有效手段。石油的导电性极差。此外，石油的可燃性、溶解性也是很重要的物理性质。

二、油、气的聚集

随着沉积物的堆积而被埋藏的大量有机质，在成岩过程中经历复杂的生物化学过程转化成石油和天然气。能产生足够数量石油的岩层称为生油层。从岩性上看主要是泥岩和碳酸盐岩。油气生成之后并不停留在生油层中。在多种动力推动下，油气进入有空隙的岩层中并继续运移。这种作为油气渗滤运移通道和储集空间的岩层称为储集层。常见的储集岩是砂岩，其次是灰岩和白云岩。

有一定数量油气聚集的场所称为油气藏，它是石油勘探的对象。在储集层内运移的油气只有遇到适宜的遮挡环境，才能停止运移而聚集起来。这种遮挡环境称圈闭。它是由构造作用和沉积作用造成的，覆盖于储集层之上、不具渗透性的岩层，如泥岩、泥灰岩等，称为盖层。它可以阻止油气向上扩散。图 7-2 中概括了构造圈闭（Ⅰ类）、岩性圈闭（Ⅱ类）、地层圈闭（Ⅲ类）三种圈闭类型。

油气产地称为油气田。油气田受一定构造因素（如背斜、断层、单斜层等）的控制。一个油气田可包含一个或几个油气藏。在一个地质单元内由共同的油气补给来源形成的几个油气田，可构成一个油气聚集带。具有共同地质演化历史的若干个相毗邻的油气聚集带往往可联合组成一个含油气盆地。

在我国，大于 $1\times10^4km^2$ 的沉积盆地有 48 个，面积为 $308\times10^4km^2$；在 $473\times10^4km^2$ 领海内，大陆架面积占 $280\times10^4km^2$。在这些沉积区内已发现有数十个含油气盆地均具有良

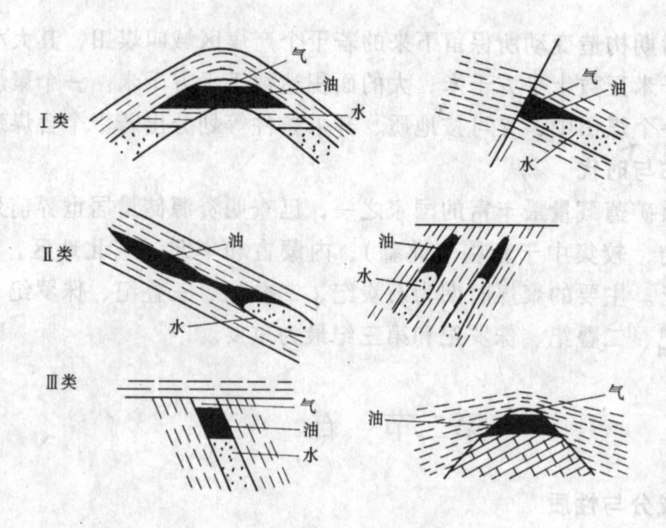

图 7-2　圈闭类型及油气藏类型示意图

（据袁见齐等，《矿床学》，改绘）

好的油气生成和聚集环境。最著名的有大庆、胜利、华北、辽河、中原、大港、四川及新疆等八大陆相油、气盆地；海上有渤海、黄海、东海、珠江口、莺歌海及北部湾等六大油、气盆（田）。油、气形成时代主要为中生代及第三纪。

三、天然气水合物

（一）天然气水合物的概念和性质

天然气水合物是一种由水分子和碳氢气体分子组成的结晶状固态简单化合物。其外形如冰雪状，通常呈白色。结晶体以紧凑的格子构架排列，与冰的结构非常相似（见图 7-3）。在这种冰状的结晶体中，作为“客”气体分子的碳氢气体充填在水分子结晶格架的空穴中，两者在低温和一定压力下通过范德华作用力稳定地相互结合在一起。在自然界中，甲烷是最常见的“客”气体分子（Sloan，1990）。由于天然气水合物中通常含有大量的甲烷或其他碳氢气体分子，因此极易燃烧，也有人称之为“可燃烧的冰”（见图 7-4），而且在燃烧以后几乎不产生任何残渣或废弃物。

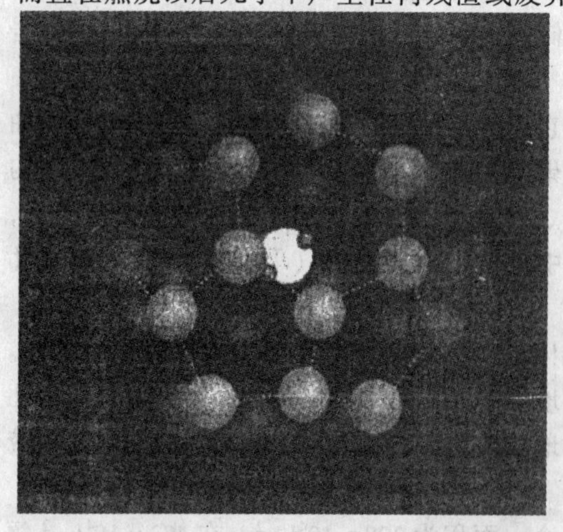

图 7-3　天然气水合物晶体结构模型

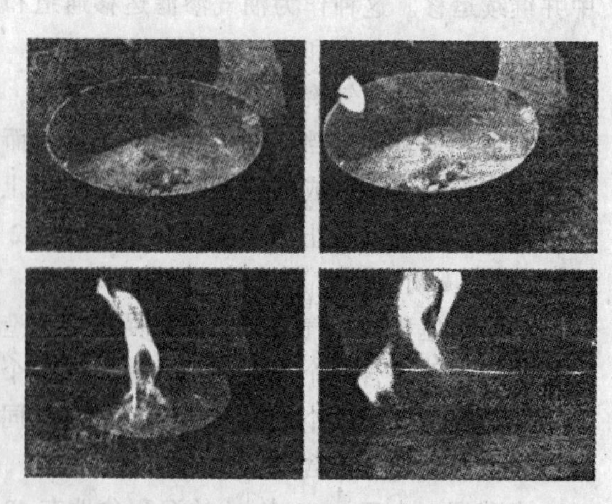

图 7-4　燃烧着的天然气水合物

天然气水合物具有多孔性，硬度和剪切模量小于冰，密度与冰的密度大致相等，热传导率和电阻率远小于冰。天然气水合物的物理性质见表 7-1 和表 7-2。

天然气水合物的声学性质（引自 Anderson，1992）　　**表 7-1**

参　数	饱和水的天然气水合物	含天然气水合物的沉积物	纯天然气水合物	含气体的沉积物
纵波波速（km/s）	1.6～2.5	2.05～4.5	3.25～3.6	0.16～1.45
纵波传输时间（s/ft）	190～122	149～68	94～85	1910～210
横波波速（km/s）	0.38～0.39	0.14～1.56	1.65	
横波传输时间（s/ft）	800～780	2180～195	185	
密度（g/cm^3）	1.26～2.42	1.15～2.4		

注：1ft＝0.3048m

甲烷天然气水合物和冰的性质（引自 Sloan 和 Makagon，1997）　　**表 7-2**

性　质	甲烷天然气水合物	沙质沉积物中的海底甲烷天然气水合物	冰
硬度（Mohs）	2～4	7	4
剪切强度（MPa）		12.2	7
剪切模量	2.4		3.9
密度（g/cm^3）	0.91	＞1	0.917
声学速率（m/s）	3300	3800	3500
热容量（kJ/cm^3）－273K	2.3	≈2	2.3
热传导率（W/m·K）	0.5	0.5	2.23
电阻率（kΩ·m）	5	100	500

（二）天然气水合物的赋存

天然气水合物属于沉积矿产。根据一些国家对埋藏天然气水合物的沉积层的研究，这些地层主要属于新生代，而且以上新世的沉积层居多。除此之外，始新世、中新世、渐新世以及第四纪沉积层中也发现有天然气水合物的分布。例如，大西洋滨外的天然气水合物主要赋存于上新世地层中，西太平洋滨外和东太平洋滨外的天然气水合物赋存的地层也以上新世为主，而在东太平洋滨外的部分天然气水合物矿体则蕴藏于第四纪沉积层中。

含天然气水合物的沉积层具有独特的构造特征。根据现有资料，含天然气水合物的沉积层构造可分为块状构造、脉状构造、透镜状—层状构造、斑状构造和角砾状构造。

从大地构造角度来讲，天然气水合物主要分布在聚合大陆边缘大陆坡、被动大陆边缘大陆坡、海山、内陆海及边缘海深水盆地和海底扩张盆地等构造单元中，其中以大陆边缘大陆坡和内陆海及边缘海深水盆地为目前研究最为深入的区域。这些地区的构造环境由于具有形成天然气水合物所需的充足的物质来源（如沉积物中的有机质、地壳深处和油气田渗出的碳氢气体），具备流体运移的条件（如增生楔和逆掩断层的存在及其所引起的构造挤压，快速沉积所引起的超常压实，油气田的破坏所引起的气体逸散等），以及具备天然气水合物形成的低温、高压环境（温度 0～10℃以下，压力 10MPa 以上），而成为天然气水合物分布和富集的主要场所。

思 考 题

1. 可燃有机岩矿床的概念与分类
2. 聚煤盆地的类型及特点。
3. 圈闭的概念及类型。

第八章 变质矿床

第一节 概述

内生作用、外生作用形成的岩石或矿床，由于地质环境的改变，温度和压力的增加，它们的矿物成分、化学成分、物理性质以及结构构造等都要发生改变，如果改变的结果是使某种有用元素或矿物富集形成矿床，或者使原来的矿床经过了强烈的改造，成为具有另一种工艺性能的矿床，则这些新形成的矿床称为变质矿床。

变质成矿作用主要是指由于受地球内力的影响，使固态的岩石或矿石不经过熔融阶段而发生矿物质聚集矿物成分和结构构造变化，形成新的矿床的一种作用。随着变质作用的增强，原来矿物或岩石中所含的结晶水和层间水，受温度和压力的影响形成变质气水溶液；在深变质条件下，由于岩石的部分熔融形成的一些硅酸盐流体相，与已变质的岩石发生广泛的交代作用及混合岩化作用，也可使一部分有用元素发生迁移和富集形成矿床，因此，这些交代作用及混合岩化作用也属变质成矿作用。

变质矿床具有分布广、规模大、矿产种类多的特点，在国民经济中占有极重要的地位。如前寒武纪的变质型铁矿床占世界铁矿总储量的60%，占富铁矿储量的70%。前寒武纪的变质型含金—铀砾岩矿床是金矿床中最重要的工业类型。此外，锰、铜、镍、钴、菱镁矿、石墨和云母的大部分矿床和相当大部分的铅、锌、磷和石棉的矿床也都属于变质矿床。研究变质矿床的意义，不仅仅是为了找矿，而且还为了进一步完善变质成矿理论。因为，变质矿床大多产在前寒武纪，它几乎占据地球发展历史的5/7，所以大陆上成矿理论的完整与否，很大程度上取决于对变质成矿作用的研究。

第二节 变质矿床的特征

变质矿床的形成有两种情况：一种情况是由沉积作用、火山作用、或岩浆侵入活动形成的矿床，在变质作用过程中，遭受变质，受到各种方式的改造和改组，使原矿床的利用价值提高，但不改变其性质而形成的变质矿床，称受变质矿床。第二种情况是变质前仅仅是一些含矿岩石，经过变质作用后使之成为具有工业价值的矿床，如富铝质的岩石变成蓝晶石、红柱石矿床；或变质前是一种矿石，变质后使之成为具有另一种工艺技术特性的矿石，如煤层变成石墨矿床。这些矿床称变成矿床。因此，变质矿床具有双重特性，既保留有原矿床或岩石的某些特点，又具有经变质作用改造形成的新矿床的特征。所以对变质矿床特征的研究，是识别变质矿床的形成及其演化的重要工作。

一、矿物成分特征

变质矿床除原岩、原矿床具有的矿物成分外，还有在变质过程中新形成的各种变质矿物。随着温度、压力的升高，原来含水的矿物可脱水形成新矿物，如褐铁矿变成赤铁矿，蛋白石变成石英等；密度小的矿物转变成密度大的矿物，如白铁矿转变成黄铁矿，有机质变成石墨等。在地壳内部高温缺氧的还原条件下，矿物中的元素常由高价还原为低价，如赤铁矿还原成磁铁矿；某些组分重组而形成新矿物，如富铝岩石中的铝、氧、硅结合生成矽线石、蓝晶石、红柱石等。在变质成矿作用中变质热液和混合岩化热液的交代作用广泛，可以使贫矿富化，同时对围岩产生蚀变作用，引起原岩或原矿床形成一系列蚀变矿物。

二、矿石的结构构造特征

变质矿床的构造，可以分为变余构造和变成构造两大类。变余构造直接反映原岩或原矿石的性质和特点。如反映原岩或原矿石层理的变余层理构造，反映原岩或原矿层为火山成因的有变余流纹构造、变余杏仁构造等。变成构造是在变质成矿过程形成的构造，可反映变质作用的类型和强度。如片状构造、片麻状构造等。

变质矿床的结构与变质矿床的构造一样，也可以分为变余结构和变成结构。如较常见的矿石结构有各种变成结构（花岗变晶结构、斑状变晶结构、鳞片变晶结构等）以及交代结构、压碎结构、揉皱结构等。同时还保留各种变余结构，如变余砂状结构、变余泥质结构等。

三、矿体形态特征

变质矿床的矿体形态比较复杂。主要决定于原岩或原矿床的性质，变质作用的类型和强度。如原岩或原矿床为沉积成因，变质作用类型为区域变质作用，变质程度较浅时，矿体的形状比较规则，多为层状、似层状、延伸较远，产状也较稳定，倾角平缓。当变质程度加深时，矿体则出现各种褶曲和断裂，形态复杂化，产状也可由缓倾变成直立，甚至倒转。

第三节　变质成矿作用与变质矿床的类型

一、变质成矿作用的类型

引起岩石或矿床发生变质作用的因素很多，但归纳起来有两个方面。一方面是由于外界环境的改变，主要是温度、压力以及气液流体等外界条件的变化，这是变质作用的外部因素；另一方面是原岩或原矿石的性质，如它们的化学成分，矿物成分、矿物的晶格类型，矿石或岩石的结构、构造等，这是变质作用的内部因素。在变质成矿过程中，成矿物质及其性质是基础，如无铁质的存在，将不会形成铁矿床。但温度、压力和气液流体等外部因素，也是非常重要的，它们可促使成矿物质的活化、迁移、富集，改变主要有用矿物的工艺性能，使矿床的经济价值大大提高。根据变质矿床形成时的地质环境和主要物理化学条件，变质成矿作用可分为以下三种类型：

1. 接触变质成矿作用

主要由于岩浆侵入，引起围岩温度增高，使围岩产生重结晶或再结晶形成变质矿床的作用称接触变质成矿作用。这里温度因素起主导作用，压力和气液流体影响不大。因此，接触变质作用的影响范围不大，形成的矿床规模较小。

2. 区域变质成矿作用

区域变质成矿作用是指在广大地区内，由于区域构造运动的影响，在高温、高压及气液流体的共同作用下（以压力为主），使原岩或原矿石经受强烈的改组和改造，形成各种变质作用。区域变质成矿作用不但变质程度深，而且影响范围大，形成的变质矿床类型众多，规模巨大。

3. 混合岩化成矿作用

混合岩化成矿作用是指在区域变质作用的后期，由于地壳内部的热流继续升高所产生的热液或变质岩（矿床）部分重熔所产生的混浆，对固态或塑态的各类变质岩石进行渗透或注入的交代作用，或是对熔融状态下的岩石进行重结晶、交代重结晶的作用。这种作用可使成矿物质发生活化、转移、聚集形成变质矿床。混合岩化成矿作用可分为两个阶段：

（1）主期交代阶段

这一阶段以碱质交代为主。主要通过重熔的混浆以渗透或注入方式进行交代，形成各种混合岩，并对原有变质岩系中的硅酸盐矿物交代重结晶，导致含矿建造中有用矿物的粒度加大和局部富集形成矿床。

（2）中晚期热液交代阶段

主期交代阶段以 K、Na、Al、Si 为带入组分，而大量的铁、镁硅酸盐矿物不断被交代、分解，使 Fe、Mg、Ca 组分被带出，同时，混浆也就逐步演变成混合岩化热液，其中富含 Fe、Mg、Ca 等多种成矿组分的热液，在构造作用影响下，交代各种围岩，使成矿物质聚集形成矿床。

二、变质矿床的成因类型

根据不同类型的变质成矿作用，变质矿床可分为接触变质矿床、区域变质矿床和混合岩化矿床三大类。

1. 接触变质矿床

由接触变质成矿作用形成的矿床称接触变质矿床。其特征是：在接触变质成矿过程中，几乎没有或很少有外来物质的加入、原有物质的带出。仅在局部地段可出现由中酸性侵入体分异出的气水溶液对围岩进行交代而形成蚀变现象，产生物质成分的改变。矿床规模一般较小，空间上围绕侵入体呈带状分布。由于距离侵入体越远，接受的热量越少，热力变质也越弱，因此围绕侵入体的围岩常具有明显的分带现象，从侵入体向外可分为显著重结晶带、过渡带和原岩带。如湖南郴县的石墨矿床，靠近侵入体为石墨，稍远为半石墨，再远则变为煤层。

接触变质矿床包括接触受变质矿床和接触变成矿床两类。接触受变质矿床目前发现不多，仅见有受变质的铁、锰矿床，规模小，矿床本身不具有独立的工业意义。接触变成矿床一般工业价值较大，主要矿床类型有石墨矿床、大理岩矿床、刚玉、红柱石矿床等。

2. 区域变质矿床

由区域变质成矿作用所形成的矿床称区域变质矿床。区域变质矿床主要形成在前寒武纪地盾区或地块中，仅少数分布在加里东、海西、燕山和喜马拉雅山的地槽褶皱带中。区域变质矿床均具有相对稳定的含矿建造。前寒武纪结晶基底中常见的含矿建造有：含铜硫化物或自然铜的绿岩建造，含黄铁矿型铜矿的绿岩建造，含层状硫化物的变质火山岩建造，含金—铀的变质砾岩建造，条带状磁铁矿石英岩建造，含磷、石墨的金云母透辉石大理石岩及片麻岩建造，含钛、钒、磷的辉岩—角闪岩建造，含磷、石英、白云质大理岩及云母片岩建造，富铝（刚玉）片麻岩—片岩建造等等。区域变质矿床分布广泛，矿产种类繁多，主要有铁、铬、铂、金、铜、铅、锌、银、铀等。此外，还有磷、硼、菱铁矿、石墨、石棉等非金属矿产。

区域变质矿床一般可分为区域变成矿床和区域受变质矿床两类，重要的矿床类型有：

(1) 区域受变质铁矿床

此类矿床形成于（18～19）$\times 10^8$a 以前的前寒武纪，属沉积变质型铁矿床。含矿建造为条带状磁铁矿石英岩建造。矿床规模巨大，储量可达几十亿吨至几百亿吨。矿带一般延长几十千米至几百千米，个别长达千余千米，宽几千米至几十千米，个别达几百千米。矿体呈层状，透镜状，常呈多层状产出，单层厚几十厘米、几米至几十米。矿石多为贫矿，矿石矿物主要为磁铁矿、赤铁矿、假象赤铁矿、脉石矿物主要为石英、碧玉、黑云母、角闪石等。矿石呈条带状构造，一般品位较低，含铁量为25%～40%，含 SiO_2 为40%～50%，硫、磷杂质含量低，在贫矿中常夹有含铁达50%～60%的富矿，最高者可达70%以上。我国鞍山弓长岭铁矿是此类矿床的典型实例，通称“鞍山式”铁矿（图8-1）。

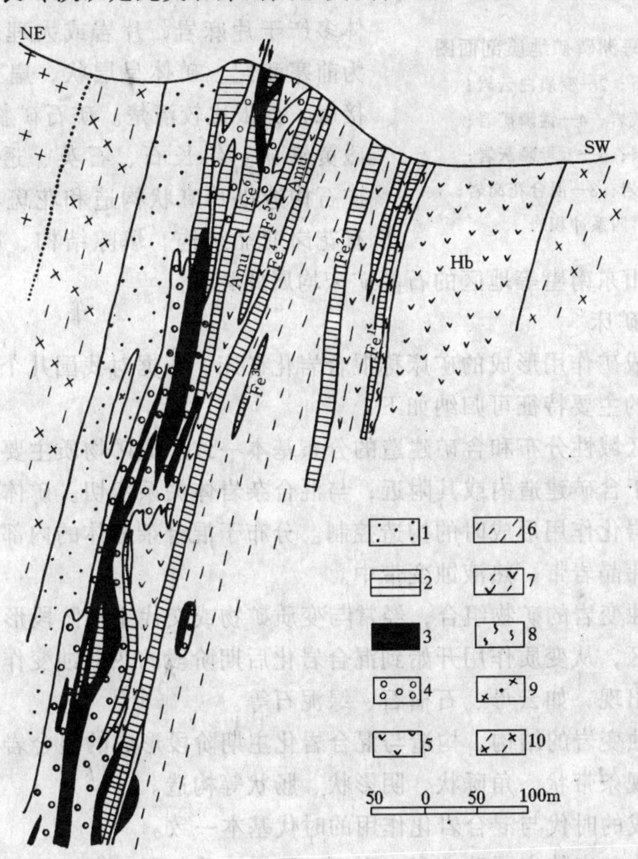

图8-1 弓长岭铁矿床（二矿区）地质剖面图

1—硅质岩层；2—磁铁石英岩；3—富磁铁矿；4—蚀变岩；5—斜长角闪岩；6—中部钠长变粒岩；7—中部片岩；8—底部片岩；9—麻峪混合花岗岩；10—弓长岭混合岩

(2) 区域受变质磷矿床

区域受变质磷矿床形成于前寒武纪，属地槽型沉积变质磷块岩矿床，贫矿建造为含磷、石英、白云质大理岩及云母片岩建造，或含磷片麻岩、麻粒岩建造。

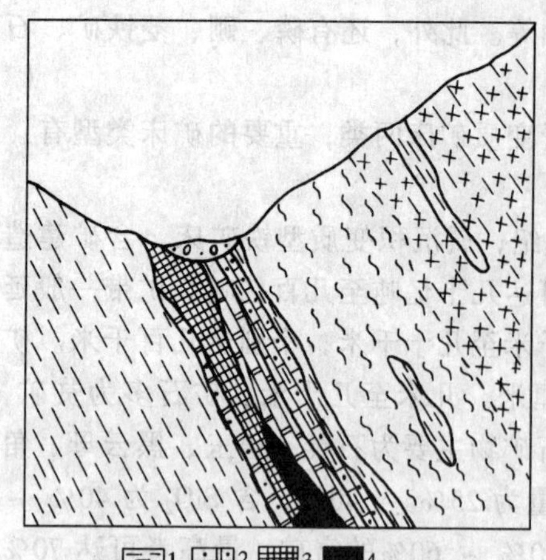

图 8-2　江苏海洲磷矿地质剖面图
1—云母片石；2—变质白云岩；
3—细粒磷灰岩；4—锰磷矿岩；
5—菱锰矿层；6—云母磷灰岩；
7—混合片麻岩；8—混合花岗岩；
9—第四系冲积岩

现以江苏海州磷矿床为例介绍此类矿床的主要特征。矿床规模较大，位于中朝准地台山东地块之南缘，早元古代时本区属典型的地槽区。含矿岩系为早元古代的变质岩系，矿区附近混合岩化作用发育。矿体形状为层状、透镜状，产状与围岩片理平行（图 8-2)。矿石矿物主要由氟磷灰石组成，矿石类型有细粒磷灰石矿石、锰磷灰石矿石，云母磷灰石矿石。矿石含 P_2O_5 从 8%～25%，矿石不经选矿处理便可利用。

(3) 区域变成石墨矿床

区域变成石墨矿床是由含碳质及沥青沉积岩经强烈区域变质作用形成的，矿床规模较大，矿体多产于片麻岩，片岩或大理岩中，成矿时代多为前寒武纪。矿体呈层状、扁豆状与围岩呈整合接触，界限比较清楚。矿石矿物成分主要有石墨、磁黄铁矿、斜长石、石英、透闪石、透辉石等。矿石构造以片麻状构造和花斑状构造为主，结构有花岗变晶结构、填隙结构、压碎结构等。我国河南西峡地区及山东南墅等地区的石墨矿床均属此类型。

3. 混合岩化矿床

由混合岩化成矿作用形成的矿床称混合岩化矿床。根据对我国几个变质区混合岩化矿床的研究，它们的主要特征可归纳如下：

(1) 矿床的区域性分布和含矿建造的分布基本一致。成矿物质主要来源于含矿建造。

(2) 矿床位于含矿建造内或其附近，与混合杂岩体关系密切。矿体一般不规则，多呈透镜体，受混合岩化作用形成时的构造控制。分布于混合杂岩体的内部，或与混合岩化有关的某一类型的伟晶岩带、热液蚀变带中。

(3) 矿石或蚀变岩的矿物组合，经常与变质矿物或交代主期阶段形成的矿物有因袭关系。在一个矿化区，从变质作用开始到混合岩化后期阶段的热液蚀变作用，经常可以看到不同世代的矿物出现，如云母、石榴石、绿泥石等。

(4) 矿石和蚀变岩的结构、构造与混合岩化主期阶段形成的混合岩的结构，构造有相似的地方，常出现条带状、角砾状、阴影状、肠状等构造。

(5) 矿床形成的时代与混合岩化作用的时代基本一致。

(6) 混合岩化矿床的主要矿产有：刚玉、石墨、磷灰石、白云母、绿柱石、硼等非金属矿产和铁、铜、铀等金属矿产。

当混合岩化作用发展到最后阶段，岩石向着接近花岗质岩石的方向发展，形成混合花岗岩。这时它与岩浆作用已失去了明显的界线，很难区分。但一般的混合岩化矿床与岩浆矿床仍存在许多明显的差异，如：成矿物质的来源不同、矿床空间分布的位置不同、主要的成矿作用方式不同、形成的主要矿床类型不同、产出的主要矿产不同等等。因此，要正确认识矿床成因，就必须对矿床特征进行更深入、更全面、更仔细的研究。

思 考 题

1. 什么是变质矿床？变质矿床的成矿作用有哪几种类型？
2. 简述变质矿床的主要特征。
3. 影响变质矿床形成的因素有哪些？你是怎样认识它们之间关系的。
4. 变质矿床成因类型是怎样划分的？其中重要的成因类型有哪些？
5. 区域变质铁矿的主要特征。
6. 石墨矿床都是由变质作用形成的吗？它有几种矿床类型。
7. 混合岩化矿床与岩浆矿床的主要区别有哪些？
8. 简述混合岩化矿床的成矿作用过程。

第九章　非金属矿床简介

第一节　非金属矿产的概念及其在国民经济中的意义

非金属矿产是指除金属、燃料、地下水资源以外的，能被国民经济利用的任何种类的岩石、矿石或其他自然产出的物质。

非金属矿产是人类最早利用的一种矿产，如石器时代的石刀、石斧，新石器时代的彩陶等。现在非金属矿产的利用几乎遍及人类生活的每一个方面。在建筑材料方面，建材用的非金属矿物原料占整个非金属矿产量的90%，仅石灰岩一项，一年的消耗量就超过二十亿吨。随着现代城市建筑向高层、超高层发展，具有隔热、隔音、防火、防震等特性的轻质、高强度建筑材料十分引人注目。过去认为没有用的，或用途有限的矿物、岩石，得到了广泛的应用，如珍珠岩、沸石、浮岩、膨胀黏土、页岩、板岩、火山渣等用于轻质骨料和板材原料，它们的产量年增长率达5%～15%。在农业方面，大量使用磷、钾矿石生产磷肥、钾肥，由于钾盐矿床较少，且分布极不平衡，各国还开展对含钾岩石（粗面岩、霞石正长岩等）和含钾矿物（钾长石、明矾石、金云母等）的研究，有的已用于工业生产钾肥，取得了良好的效果。另外在冶金工业方面、陶瓷工业方面、化学工业方面、医药、造纸、玻璃、电子等方面非金属矿产都是不可缺少的重要的生产资料。目前所使用的非金属矿产的种类及数量都远远超过了金属矿产，非金属原料的产值也已是金属原料产值的数倍。随着现代生产的飞速发展，可以肯定21世纪，人类将从金属时代进入一个新的“石器时代”。

我国幅员辽阔，矿产资源丰富。目前已探明储量的非金属矿产90余种，矿产地约5000处，是世界上非金属矿种比较齐全的少数国家之一。其中硫铁矿、石墨、重晶石、高岭土、叶蜡石、石膏、硅藻土、玻璃原料、水泥原料、大理石、花岗石等二十多种在国际上占优势；沸石、珍珠岩、硅灰石、凹凸棒石、海泡石、黏土等十几种非金属矿产可望成为国际优势矿产；金刚石、蓝宝石、天然碱和钾盐也有比较好的发展前景。但是，至今也有不少非金属矿产资源情况不清，有些重要矿种储量不足或无可利用的储量，需求量日趋突出。因此，加强非金属矿产的地质工作，深入研究非金属矿床的特征、类型及分布规律，是十分重要的。

第二节　非金属矿床的概念及特点

非金属矿床是指地壳中，由地质作用形成的，其中所含非金属矿产的质和量在当前的经济和技术条件下能被开采和利用的综合地质体。非金属矿床具有以下特点：

一、成矿元素的组成

非金属矿床主要由O、Si、Fe、Ca、Na、K、Mg等元素组成，它们是构成地壳的主要元素，占地壳重量的98.59%。因此由它们组成的非金属矿床，种类繁多，分布广泛，是我们日常生活和现代化建设必需的重要物质基础和保障。

二、矿石的矿物组成

非金属矿床的矿石矿物主要是含氧盐类，以硅酸盐、硫酸盐、碳酸盐最为重要，磷酸盐、硼酸盐次之，氧化物、卤化物和某些自然元素也可以形成非金属矿床。非金属矿床的矿物种类多，在物理化学性质上和一般造岩矿物很少有区别，或者它们本身就是造岩矿物，不像金属矿物那样，常具有特殊颜色、光泽等物理性质，易于辨认，非金属矿床的矿物常易被忽视。

三、矿石的利用方式

非金属矿石的利用方式与金属矿石不同。在工业上，只有少数非金属矿石是用来提取和使用某些非金属元素或其化合物的，如硫、磷、钾、硼等。而大多数非金属矿石是直接利用其中的有用矿物、矿物集合体或岩石的某些物理、化学性质和工艺特性。如金刚石大多利用它的硬度和光泽；石棉是利用它的耐火、耐酸和能纺织的纤维特性；水晶是利用其光学性质和压电性能等等。此外，非金属矿石的物化性能及价值，是从矿山开采出来时就具备的，而且一直保持到产品的最后应用阶段。如云母、石棉、高岭土、石墨等，至于建筑石料如碎石、砂、砾，就更是如此了。

四、矿床"一矿多用"的特点

非金属矿床可"一矿多用"，是因为许多非金属矿物或集合体具有多种不同用途的性能。如高岭土矿床，因高岭土具有粒细、白度高、耐高温、分散性和可塑性等多种特性，因此它既可用做耐火材料，又可与金属制成特殊性能的陶瓷原料，还可作黏合剂、漂白剂、填料、涂料等。又如石灰岩矿床，因石灰岩具有良好的可加工性，可作建筑石材；又因石灰岩的胶结性好，可用于冶金工业作熔剂；石灰岩还是制水泥的主要原料之一。此外，不同的非金属矿床又往往具有相同或近似的可利用的特性，即多矿同用或相互代用的特点，如膨润土、凹凸棒石、海泡石和一般黏土，都可作泥浆原料；硅灰石、叶蜡石、高岭土、斑状凝灰岩等均可用做陶瓷原料。因此，对不同用途的非金属矿物或集合体，有着不同的工业要求，它们的经济价值和使用价值相差很大，且随着现代科学技术的发展而不断发生变化。

第三节　非金属矿床的找矿、勘查、评价的原则

由于非金属矿床种类繁多，成矿地质条件复杂多样，用途广泛而特殊，不同矿石的工业要求差别很大。因此，非金属矿床的找矿、勘查、评价比较复杂，在实际工作中应注意以下几点原则：

一、综合找矿和综合评价

矿床的形成是多种地质作用的结果。不同的非金属矿床，虽然各自的成矿条件有所区别，但许多矿种往往具有相同的成因或相似的成矿作用和地质环境，因此，在空间分布上，常出现明显的有规律共生现象。此外，非金属矿床具有"一矿多用"或"多矿同用"的特点。所以注意综合找矿和综合评价，在非金属矿床的找矿勘查和评价中十分重要，也是当前非金属矿床研究中的发展方向。如，在火山岩分布区非金属矿床的找矿中，应注意

与火山玻璃有关的珍珠岩、膨润土、沸石、各种凝灰岩等矿床系列；在酸性火山岩一次生石英岩建造中，常含有明矾石—黄铁矿—叶蜡石—高岭石、伊利石—地开石—高岭石、萤石—重晶石—方解石等矿床系列。

二、注意有用矿物的工业技术特性研究

有用矿物的工业技术特性是评价非金属矿床的关键。多数非金属矿床的突出特点是利用矿物、矿物集合体或岩石的物化性能，因此许多非金属矿床的物化性能和工业技术特性，常常是评价其经济价值的决定因素。如，同是金刚石矿床，光彩夺目，完美的金刚石大晶体，可作贵重宝石；具有良好半导体或导热性能的Ⅱ型金刚石，可作为高级半导体器件及激光微波的散热片等重要元件；而普通的Ⅰ型金刚石，工业上只能利用其高硬度的性能而作为磨料、磨具的矿物原料。它们的经济价值相差悬殊。石棉纤维的良好可纺性，高的抗张强度以及隔热、保温、绝缘、防腐等特性，使其广泛应用于机械、化工、建材及国防等工业部门。因此石棉的工业技术性能是决定其工业价值的重要因素。非金属矿床的突破，往往不在于发现新的矿床，而在于应用方面的突破。因此加强矿物物理、化学性能及工业技术特性的研究是十分重要的。

三、合理确定评价指标

非金属矿床具有"一矿多用"和"相互代用"、"配合使用"的特殊性质，所以其应用领域广泛而不定型。同一种非金属矿物原料的不同产品价格相差悬殊，市场竞争强。因此，非金属矿床的勘查评价，要在全面了解其多方面的用途、工业上的不同要求，及市场价格的基础上，选择最佳的应用方案，并从多方面分析和论证，尽可能适用不同的工业部门，合理确定评价指标，从而充分利用矿物资源。

四、重视经济评价和论证，注意原料"就近供应"的原则

大部分非金属矿产是利用原矿，用量大，消费市场定向性强，用途又具有不定性。是否具备经济开发价值，除矿石储量外，运输条件、开采方式常起决定性作用。因此，非金属矿床的勘查与评价，要重视经济评价和论证，要注意"就近供应"的原则，使原料基地尽量靠近消费中心，以减少运费和产品的损耗。

五、注意非金属矿产资源的综合开发利用

许多非金属矿床由于形成环境相同或相似而生存在一起，因此要注意资源的综合开发利用。美国、德国等西方国家在这方面都取得了明显的效果。如：开采高岭土和黏土时，从中提取高岭石和石英砂的系列产品；开采石墨时可附采白云岩和灰岩；开采建材原料时，提取和加工系统的建材产品等等。只有注意了综合开发利用，才能充分提高矿产资源的经济价值。

第四节　非金属矿床的主要类型及其特征

非金属矿床种类繁多，我国已发现并查明资源储量的矿种约有70余种。由于非金属矿床的有用组分使用广泛而且特殊，到目前为止，还没有一种统一的令人满意的分类方案。我国一般按其工业用途，将非金属矿床分为冶金辅助原料矿床，化学工业原料矿床，建筑材料及水泥工业原料矿床，制造工业原料矿床，压电及光学原料矿床，陶瓷及玻璃原料矿床，石油化工、轻工业及农、牧、渔业原料矿床，工艺美术及宝石材料矿床等八类。

以下仅对部分非金属矿床做一简要介绍：

一、冶金工业原料矿床

1. 石灰岩矿床

(1) 性质与主要用途

石灰岩是地壳上分布广泛的沉积岩之一，主要矿物成分是方解石，常含白云石、菱镁矿及其他碳酸盐矿物，有时含少量硅质、赤铁矿、硫酸盐、磷酸盐、黏土及有机质等杂质。石灰岩性脆、硬度不高，化学性质不稳定，在常压下加热至855℃时分解为CaO和CO_2。其特点是易于加工破碎，胶结性能好。石灰岩主要用于冶金工业作熔剂，如在冶炼生铁、钢和有色金属铜、钴、镍、铅、锡和锑时，均用石灰岩做熔剂，把矿石中的脉石成分和燃料中的灰分变成炉渣，并把有害于钢、铁的磷、硫等杂质除掉。通常炼1t生铁需0.4~0.9t石灰岩，炼1t钢需0.12~0.16t石灰岩。此外，石灰岩还大量用于生产水泥，做建筑石材、内墙涂料及化学工业中用于制造纯碱、碳化钙等。

(2) 主要矿床类型

石灰岩是由化学—生物化学沉积作用形成的，其主要类型有层状石灰岩矿床和块状礁灰岩矿床两类。

层状石灰岩矿床：这是石灰岩矿床中最主要的矿床类型。矿体层状产出、层位稳定、厚度大、组分均匀、质量较好，常为不同纯度的石灰岩、白云质石灰岩、泥质石灰岩等互层。矿床规模大，有利于大规模露天开采。在我国，这类矿床主要产于古生代地层中，古生代以前的石灰岩一般含镁较高，不符合石灰岩的某些工业要求，但可作建筑石材。如在华北，矿床以奥陶纪下统的冶里组、亮山组和中统的马家沟组石灰岩分布最广，质量最好。

块状礁灰岩矿床：生物礁灰岩呈块状，可采厚度达数百米，在地形上可成为一些孤立的山头，或者沿着礁的长轴呈山脊状延长，这种石灰岩不具层理构造，孔隙度很大，化学成分有时很纯。

2. 白云岩矿床

(1) 性质与主要用途

纯白云岩是由白云石组成。自然界纯白云岩很少，常含方解石及混入一些石膏、硅质和黏土、有时还含有少量天青石、盐类矿物、黄铁矿及有机质等杂质；混入的杂质越多，越影响白云岩的质量。白云岩耐火度达2300℃，仅次于菱镁矿。白云岩具有性脆，硬度不高，易加工破碎，胶结性较好等特点。因此，其主要用于黑色冶金工业作耐火材料，少部分用做熔剂。白云岩还可用于化学制碱工业、建筑工程用的石料，提炼金属镁的原料等。

(2) 主要矿床类型

层状白云岩矿床：这类矿床多产于石灰岩系中，矿体呈层状或透镜状，白云岩和石灰岩沿走向和倾向都可以相互递变。矿层厚几米至几百米，长几百米至几千米。矿石多具细晶结构，块状构造。矿床规模较大，质量较好，是白云岩矿床的重要类型。我国白云岩矿床十分丰富，其成矿时代多为前寒武纪，其次为古生代。如辽宁、山东、河南、内蒙、山西、南京、湖北等地均有广泛分布。

层状变质白云岩矿床：矿床主要产于前寒武纪变质岩地层中，在浅变质岩系中为变质白云岩，在中到深度变质岩系中，常为重晶石的白云质大理岩。矿体呈层状，有的与菱镁矿层密切共生，矿床规模巨大。如辽宁大石桥、山东粉子山等地的白云岩矿床。

3. 耐火黏土矿床

(1) 性质及主要用途

耐火黏土属于黏土类矿物的一个类别。我国将符合现阶段耐火原料化学成分技术指标，耐火度大于1580℃的黏土和耐火度大于1770℃的铝土矿，通称为耐火黏土。根据耐火黏土的不同特征、性能和工业用途，前者可分为硬质黏土、软质黏土及半软质黏土；后者称为高铝黏土。耐火黏土矿床的矿物成分通常以高岭石、云母—高岭石为主。黏土中Al_2O_3的含量需高于30%，含量越高，黏土的耐火性能就越强；同时黏土中SiO_2的含量需低于65%，Ti、Fe、Ca、Mg、Na、S的氧化物及有机质总量小于5%。耐火黏土在高温下体积稳定，抗渣性、抗冷热性及机械强度较高，因此，耐火黏土大量用于冶金部门，几乎所有窑炉及热工设备都要用耐火黏土制品。现阶段我国耐火材料产量中，耐火黏土制品占80%以上。此外，耐火黏土还广泛用于建材、化工、机械、电子、航空及军工等部门。

(2) 主要矿床类型

耐火黏土矿床主要有沉积型与风化壳型两类，但以沉积型矿床为主，沉积型矿床形成于泻湖相环境，矿层常与砂页岩或少量灰岩互层，或者与煤系地层伴生而构成煤层下盘的黏土矿层。矿体成层状或巨大透镜状，延长达几千米，厚度为几米至十多米，层位稳定。主要矿物为高岭石和水云母，常含一定量的水铝石。矿床规模大，分布广，质量好。产出的地质时代，从晚古生代石炭纪开始，二叠纪，侏罗纪、第三纪至第四纪都有生成。高铝黏土矿床和硬质黏土矿床主要形成于石炭纪、二叠纪，软质黏土矿床多形成于侏罗纪，第三纪与第四纪。我国的耐火黏土矿床主要分布于辽宁、山东、河北、山西、河南、陕北、宁夏及西南等地区，这些矿床多数与煤系地层有关，产于煤盆地或含煤坳陷盆地中。

4. 萤石矿床

(1) 性质及主要用途

萤石又叫氟石（CaF_2），萤石常含有氯、稀土元素、铀、赤铁矿、沥青等杂质；有时还含有气相、液相以及黄铁矿、白铁矿和黄铜矿等固态包裹体。萤石常呈完好的立方体，八面体晶形。颜色多样，有紫、绿、浅蓝、黄、红及玫瑰色，无色透明的晶体罕见。萤石的熔点较低（1270～1350℃），具有低的折光率（$n = 1.434$），弱的色散性，对紫外线或红外线都有很高的滤光性。因此，透明的晶体可做贵重的光学原料，制作光学仪器上的透镜、三棱镜。普通萤石用于冶金工业作熔剂，每生产1t钢，需加入0.9～9kg萤石，可以提高铁矿石易熔度及炉渣的流动，排除S和P等有害杂质；化学工业上主要用来制氢氟酸及其衍生物；此外，萤石还可作玻璃、陶器和水泥工业的原料等。

(2) 主要矿床类型

具有工业意义的萤石矿床主要有脉状充填-交代型萤石矿床和矽卡岩型萤石矿床。且以前者最为重要。

脉状充填-交代型萤石矿床：矿体呈脉状产于酸性火山岩、花岗岩及砂页岩中。矿石组合有萤石-重晶石-方解石，萤石-石英，萤石-硫化物-石英等。矿床的形成多与中低温火山热液沿酸性围岩的裂隙，孔洞或破碎带充填交代作用有关。我国此类型矿床主要分布在浙江金华地区、辽宁、湖北、内蒙等地。

矽卡岩型萤石矿床：矿床产于花岗岩与石灰岩的接触带上，主要分布于外接触带。矿体呈脉状、条带状、层状、似层状，矿体围岩矽卡岩化强烈，萤石呈浸染状产于矽卡岩中，伴生矿物有锡石、白钨矿、黄铜矿、闪锌矿等。脉石矿物主要为石榴石、方解石、石英、重晶石等。矿床主要分布于中-新生代酸性火山岩发育地区。如我国东南部及东北地区。其次，分布于褶皱造山带花岗岩发育地区，如我国华南加里东褶皱造山区。

二、化学工业原料矿床

1. 硫矿床

(1) 硫的产出方式及主要用途

硫的化学活动性很强，主要呈各种化合物及少量自然硫存在。硫是基本的化工原料之一，其主要来自于三个方面：自然界中的自然硫，酸性天然气中的硫化氢及金属硫化物。硫酸盐（石膏、明矾等）在缺少硫矿床的国家中也用做硫的资源。组成硫矿石的金属硫化物有黄铁矿、白铁矿和磁黄铁矿，其中黄铁矿含硫达53.4%，且在自然界中分布较广，是主要的工业矿物，白铁矿、磁黄铁矿较为次要。硫最主要的工业用途是制造硫酸（H_2SO_4），硫酸是生产化学肥料（磷酸钙、磷酸氨等）的主要原料。在化学工业上，硫酸用于制造各种酸类合成洗涤剂、合成树脂等；硫可生产液态二氧化硫，作为冷冻剂。此外，硫还广泛用于造纸工业、化纤工业、塑料工业及油漆、印染、涂料、橡胶等工业。

(2) 主要矿床类型

自然硫矿床：自然硫矿床有两种类型，一是火山作用形成的自然硫矿床，矿床主要由火山射气、火山热泉作用堆积形成。矿体定位很浅，多产于火山活动区的熔岩，火山凝灰岩堆积物的孔隙、裂隙中，其次产于火山湖中。世界上此类矿床主要分布在环太平洋的火山活动区，尤其是更新世和近代火山活动区。我国主要分布在自黑龙江德都五大连池、经台湾、海南、云南到西藏这一数千千米长的弧型火山活动带上。一般为小型矿床。第二类是生物化学沉积自然硫矿床，矿床产于有大量石膏、硬石膏的蒸发岩系地层中，空间上严格受硫酸盐岩层的控制，硫矿层赋存于原生沉积的石膏层或硬石膏层的顶部或上部。硫的成矿作用与生物活动关系密切，在泻湖、海湾或内陆湖泊的还原环境和厌氧菌占优势的水体中，硫酸盐被脱硫螺菌还原成 H_2S，进而受到含氧表层水及 CO_2 或 SO_4^{2-} 作用，H_2S 被氧化成自然硫沉积。在区域上，矿床分布于盆地隆起与拗陷的过渡地带，且成群成串出现。在含硫盆地中常产有油气田，自然硫与石油、天然气具有密切的共生关系，成矿时代以新第三纪和二叠纪最为重要。

硫铁矿矿床：这类矿床以黄铁矿型矿床为主，是我国硫资源的主要来源。遍布全国各省，查明储量居世界首位。其特征见前面有关章节。

气体硫矿床：天然气中 H_2S 超过0.1%，一般就能满足工艺要求，称为气体硫矿床。

2. 明矾石矿床

(1) 性质及主要用途

明矾石是一种含氢氧根的复杂的硫酸盐矿物。明矾石性脆，不溶于水，难溶于酸，在碱性溶液中完全分解。明矾石是化学工业的重要矿物原料，用途广泛。明矾石主要用来生产明矾和硫酸铝。明矾常在纺织工业上用做媒染剂，制革业用来鞣革，造纸业用于纸张的上胶，还可以利用它做净水剂。在缺乏钾盐和铝土矿的国家和地区，可以从明矾石中提取钾和铝。此外，明矾石在医药、防火、防水、食品等方面也有应用。

(2) 主要矿床类型

中生代陆相火山喷发-沉积型明矾石矿床：矿床沿北东向中生代构造火山岩带展布。产于中酸性火山-沉积岩系中。矿体呈层状产出，沿走向和倾向变化不大。矿层围岩为火山岩和火山凝灰岩，顶板常为紫灰色、灰色块状凝灰质粉砂岩、砂岩、含砾砂岩及砾岩，底板则多为灰紫色和紫黑色的火山角砾岩。矿层与围岩界线较清楚。矿体围岩蚀变复杂，有次生石英岩化、叶蜡石化，绢云母、高岭土化等，其中以次生石英岩化最为强烈。矿床规模大，质量好，含矿较稳定，是我国重要的明矾石工业矿床类型。如浙江平阳矾山的明矾石矿床（图 9-1）

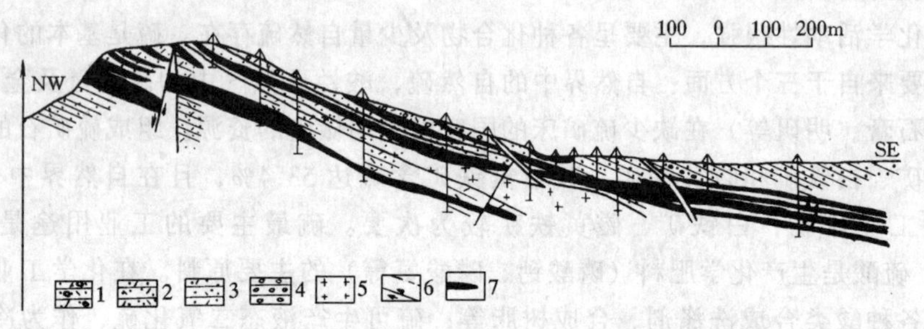

图 9-1 平阳矾山明矾石矿水尾山矿区Ⅶ线剖面

1—凝灰质含砾砂岩；2—凝灰质砂岩；3—凝灰质粉砂岩；4—砾岩；5—硫纹斑岩；6—断层及推测断层；7—矿体

中生代陆相火山热液型明矾石矿床：该类型矿床与构造关系密切，常受控于火山岩系的各种地质构造，矿体形态较复杂，有似层状、透镜状和不规则团块状。近矿围岩具强烈的次生石英岩化，蚀变矿物有叶蜡石、高岭石、绢云母、黄铁矿、赤铁矿、红柱石等。矿床规模中等，在矿区中或外围，往往形成有工业价值的黄铁矿矿床。此类矿床在我国浙江瑞安仙岩、单阳溪南、安徽庐江大小矾山、福建平和等地均有产出。

3. 盐类矿床（详见第六章第四节）

4. 磷矿床（详见第六章第六节）

三、建筑材料及水泥工业原料矿床

石灰岩是生产水泥最重要的原料，黏土是生产水泥的一种主要配料。水泥是由一定化学成分的岩石配合（生料），经焙烧发生化学反应形成一些新的无水活性化合物（熟料），然后加入适量的石膏（缓凝剂）制成。水泥熟料的主要化学成分是 CaO、SiO_2、Al_2O_3、Fe_2O_3，它们形成熟料中的硅酸三钙（$3CaO \cdot SiO_2$）、硅酸二钙（$2CaO \cdot SiO_2$）、铝酸三钙（$3CaO \cdot Al_2O_3$）和铁铝酸四钙（$4CaO \cdot Al_2O_3 \cdot Fe_2O_3$）四种化合物。其中 CaO 取自石灰岩，SiO_2 和 Al_2O_3 取自黏土矿物，石灰岩和黏土岩等混合煅烧，岩石中 CaO、SiO_2、Al_2O_3 及 Fe_2O_3 等结合，即形成水泥熟料中的主要化合物。石灰岩和黏土岩的主要矿床类型及特征前已述及，在此不再重复。

1. 石棉矿床

(1) 性质及主要用途

石棉是指具有丝绢光泽的，可剥分为细而柔韧的纤维的非金属矿物的总称。工业上可利用的石棉矿物及其物理性质见表 9-1。目前工业上利用的石棉 95% 以上是蛇纹石石棉，纤维的柔性、抗张性、劈分性、耐热性和绝缘性都比较好。角闪石石棉防酸、碱及防腐能力比蛇纹石石棉强，其中工业意义较大的是蓝石棉和铁石棉。

石棉矿物及物理性质 **表 9-1**

		化学成分	物理性质						
			隔热	绝缘	耐酸碱性	柔韧性	纤维细度	拉力	可分性
蛇纹石石棉（混石棉）		$3MgO \cdot 2SiO_2 \cdot 2H_2O$	良好	优到良好	不良	高	很细	高	极好
角闪石石棉	蓝石棉	$NaFe[SiO_3]_2 \cdot FeSiO_3$	中等	良好	良好	高	细	高	中等
	铁石棉	$H_{10}Mg_5Fe_{18}^{2+}Fe_2^{2+}Al_2Si_{25}O_{34}$	良好	不良	良好	良好	细	良好	优良
	透闪石石棉	$H_2Ca_2Mg_5Si_8O_{24}$	不良		良好	不良	粗、短、脆	差	不良
	阳起石石棉	$(Ca_2[MgFe^{2+}]_5 \cdot [Si_4O_{11}]_2 \cdot [OH]_2)$	良好		良好	不良	粗、短、脆	差	不良
	直闪石石棉	$H_2Mg_7Si_8O_{24}$	好		良好	不良	粗糙	差	不良

石棉的传统用途是重要的隔热材料，目前已成为重要的战略资源，用途已扩大到 20 多个工业部门，有 3000 多种产品。特别是在生产石棉水泥制品方面，石棉能增强水泥制品的许多宝贵性能，如质轻、坚固、耐火、防腐性等，用于石棉水泥工业的石棉占石棉总量的 80%以上。另外，一些特殊品级的石棉，在国防上的新用途引起了人们的注意，如作为隔音耐温、质轻材料用于飞机、坦克、潜水艇的制造上等。

(2) 主要矿床类型

超基性岩型蛇纹石石棉矿床：矿床规模以大、中型为主，矿石质量好，是最重要的石棉工业矿床类型。我国这类矿床分布在不同时代的褶皱带中，受深大断裂的控制，围岩主要为超基性岩。矿石产于由超基性岩经热液蚀变而成的块状蛇纹岩中，属中温热液矿床。石棉的形成和富集与超基性岩体的原生和次生构造关系密切，矿体形态受构造的控制，多为厚大的似层状、透镜状、脉状，矿体一般厚几十米到几百米，沿走向延长几百米到几千米，产状一般较陡。我国四川、河南、陕西等省均产有此类矿床。

碳酸盐型蛇纹石石棉矿床：这类矿床在我国分布较广，有重要的工业价值，矿床产于蛇纹石化白云岩或蛇纹化白云质灰岩中，是镁质碳酸盐受富含 SiO_2 热液作用蚀变而形成的产物。在矿床附近常可见晚期酸性侵入体或基性岩脉。矿体与岩层产状一致，沿层面分布，呈层状或似层状，少数沿裂隙分布，近矿围岩蚀变主要为蛇纹石化，也沿层面及裂隙发育。石棉质量好，但含棉率低。共生矿物除大量的蛇纹石外，常见的有方解石和少量的透辉石、橄榄石等。

蓝石棉矿床：蓝石棉是指蓝色的角闪石石棉。我国蓝石棉矿床主要产出情况有以下几种：一是产在震旦系下统马头山组的基性火山熔岩和中细粒辉绿岩中的纤铁蓝闪石石棉矿床，属大型矿床，如豫西内乡的石棉矿床；二是产于镁质碳酸盐岩及侵入其中的中细粒辉绿岩中的纤铁蓝闪石石棉矿床，如四川盐源等地的蓝石棉矿床；三是产在铁质砂岩或铁质砂砾岩中的纤铁蓝闪石石棉矿床，如云南姚安的蓝石棉矿床。这些矿床的共同特点是：与蓝石棉相伴生的围岩蚀变主要为钠长石化，石棉脉主要为复式脉和单脉，矿石类型为纵纤维型、斜横纤维型及横纤维型。矿床中有时伴生有贵重宝石（虎睛石），如河南淅川蓝石棉矿床中可以见到。

这里顺便指出，石棉是致癌物质，蓝石棉一般已禁止使用。

2. 建筑石材矿床

(1) 建筑石材的类型及用途

建筑石材可分为一般建筑石材和装饰性建筑石材两类。一般建筑石材是指凡具有一定块度、强度、稳定性和可加工性的天然岩石。因此自然界中的岩浆岩类、沉积岩类和变质岩类，只需在物理技术性质上符合工业要求，均可作为建筑石材开发。一般建筑石材主要用于铺设路面，用做水利工程、桥墩、港口堤坝、房屋及地面工程建筑的石料等。装饰性建筑石材的突出特点是具有美丽的色泽和花纹，常加工成板材，作建筑物室内外的饰面材料。按组成成分和物理性质，装饰性建筑石材可分为大理石和花岗石两类。大理石，是指碳酸盐类岩石，硬度较小，属软质石材。花岗石，是指硅酸岩类岩石，硬度大，属硬质石材。大理石、花岗石除做建筑物室内外的饰面材料外，少量浅色半透明纯净致密的大理石可用做工艺雕刻材料，部分装饰性差的可用做电气绝缘材料，开采大理石的碎料可用做水泥原料、水磨石材料等。开采花岗石的碎料，可作公路、铁路等用的碎石。

(2) 装饰性建筑石材矿床的主要类型

变质型大理石矿床：此类矿床包括大理岩、蛇纹石大理岩、橄榄大理岩以及“矽卡岩”等岩石类型。矿体呈层状或透镜状，矿石成分主要为方解石和白云石，此外所含硅酸盐矿物有蛇纹石、橄榄石、透辉石、透闪石、阳起石、金云母、白云母及绿泥石、绿帘石、长石等，另有少量石英、黄铁矿、磁铁矿及碳质成分。由于成分不同和构造变形，岩石常形成条带状、斑杂状、揉皱状、云雾状等各种复杂构造，成为装饰性花纹。碳酸盐单矿物岩可形成粗晶或斑晶结构。我国陕西潼关产于太古界太华群变质岩系中的彩色大理石，河北曲阳产于太古界太平群变质岩系中的“曲阳玉”，辽宁东沟产于元古界辽河群变质岩系中的“丹东绿”，山东半岛产于元古界粉子山群变质岩系中的“雪花白”等均属此类。北京房山产于古生代地层中的“汉白玉”则是岩浆热接触变质形成的大理岩。

沉积型大理石矿床：这类矿床以岩石学来讲，就是各种沉积碳酸盐岩石，多为泥晶或亮晶结构，致密状、鲕状、竹叶状、豹皮状和各种生物构造，色泽和花纹具有装饰价值。如安徽灵壁的“红皖螺”为古生代的藻礁灰岩，山东的“紫豆瓣”为寒武纪的竹叶状灰岩，浙江的“杭灰”为石炭纪的石灰岩，它们均属沉积型大理石矿床的矿石。

岩浆型花岗石矿床：这类矿床是由岩浆侵入和喷出作用形成的各种岩浆岩，包括花岗岩、花岗闪长岩、闪长岩、安山岩、辉长岩、辉绿岩、玄武岩、橄榄岩、辉石岩以及一些碱性岩等，它们可加工成红、青、绿、黑等各种色调的硬质石材。如四川的“石棉红”，北京的“南口红”，山东的“济南青”、“泰安绿”、“黄岗黑”等。

3. 珍珠岩、松脂岩、黑曜岩及浮岩矿床

(1) 性质与主要用途

这类岩石均属富 SiO_2，低 Ca、Fe、Mg 等的酸性天然火山玻璃类岩石，含水 1%～10%。它们具有超轻质高效的绝热、保温、耐火、隔音、膨胀、过滤等性能，因此被广泛用于建筑、玻璃、陶瓷、水泥、油漆、塑料等工业部门。

(2) 主要矿床类型

这类岩石多形成于中新生代，是酸性火山熔岩在海相环境中喷溢作用形成的火山玻璃类岩石，多呈岩流、岩床、岩丘状产出。我国黑龙江、吉林、辽宁、河北、山东、河南、江苏、浙江及四川等省均有分布。

4. 蛭石矿床

(1) 性能与主要用途

蛭石外形酷似黑云母，属含水层状硅酸盐矿物，加热后体积迅速膨胀，当其温度达870℃时可以膨胀到原体积的30倍，化学性质稳定，耐火性能好。在建筑业上，蛭石与灰浆、混凝土掺和制成的墙板，具有良好的绝缘、防火、隔音性能；在冶金工业中用蛭石作为耐火材料；在农业上用做化学肥料、农药的活性载体及土壤的调节剂等。

(2) 主要矿床类型

蛭石矿床在空间及成因上与镁铁质和超镁铁质岩石或其变质岩有密切关系，矿体多呈不规则囊状、脉状及角砾状产于超镁铁质岩体之中。具有工业意义的蛭石矿床成因有两类：一是由镁铁质岩石经地表风化作用或大气降水环流作用蚀变而成；另一类是镁铁质岩石经变质热液交代作用所形成。成矿常与断裂构造有关。

我国的新疆、河南、甘肃、山西、云南等地有此类矿床分布。

四、制造工业原料矿床

1. 石墨矿床

(1) 性质及主要用途

石墨是由固态碳组成的，自然界中石墨有显晶质与隐晶质两种形式。石墨具有完全层状解理、耐高温性（达3800℃）、强导电导热性、强化学稳定性、强耐酸碱性、摩擦系数小、润滑性能高、可塑性强等特殊性能。当前在冶金和机械制造工业中，石墨用量约占其总耗用量的60%～70%。如用于制造坩埚、高温炉中的石墨砖、炼钢的增碳剂以及做机械运转的润滑剂等。此外，还可用做导电材料，原子能工业中的中子减速剂及核反应堆中的重要结构材料，民用工业中作颜料、抛光剂及笔芯等。

(2) 主要矿床类型

区域变成石墨矿床：此类矿床特征见第八章变质矿床。

接触变质石墨矿床：此类矿床是富含有机质或碳质沉积岩由接触变质成矿作用形成的，产于接触变质带范围内。矿体呈层状、似层状产出，规模较小，但属晶质石墨，且晶片较大，有时品位较高。矿石为浸染状、团块状、角砾状及球状构造。如我国河南小岔沟石墨矿床。

2. 云母矿床

(1) 性质及主要用途

自然界中云母的种类很多，在各种云母中，工业上常用的是白云母、金云母和锂云母。它们的特性是：具有较高的绝缘性，厚1mm的云母可以耐十万伏特以上的电压；具有较高的耐热性，白云母能耐550℃的高温，金云母可以耐1000℃以上的高温而不改变它的性质；具有强的抗酸性、抗碱性、抗压性，每平方厘米能承受2000～4000kg重的压力；云母又有被剥成具有弹性透明薄片的性能。因此，其用途广泛，优质白云母主要用于：1）电工器材用以制造电容器、真空管、整流器等；2）应用于计算机、雷达、导弹、人造卫星及激光器材等工业领域。金云母用于绝缘和高强度耐火材料；锂云母用做高级陶瓷的原料；普通云母用做绝缘、绝热、轻质材料及造纸、橡胶、颜料、油漆、塑料的填料等。

(2) 主要矿床类型

具有工业意义的白云母、金云母、锂云母矿床与花岗伟晶岩在时间、空间及成因上有密切关系，特别是当花岗岩浆侵入到富铝质的页岩、石英云母片岩等地层中，经热液交代作用可形成优质白云母伟晶岩矿床；若花岗岩浆侵入到富铁镁质围岩中（如黑云母角闪片麻岩、基性变质岩等），可形成伟晶岩型金云母矿床。此外，中酸性岩浆侵入镁质碳酸盐地层时，可形成接触交代型金云母矿床，但矿床规模一般较小；在交代蚀变型花岗岩中，可形成锂云母矿床。

云母矿床主要分布于花岗岩及花岗伟晶岩广泛发育的造山带地区，如我国新疆海西造山带、东秦岭加里东造山带等。

3. 金刚石矿床

(1) 性质及主要用途

金刚石由固态碳组成，是最坚硬的矿物，绝对硬度高于石英100倍；具有高折光率和较强的色散性能；化学性质非常稳定，在紫外线、X射线的刺激下具有发光性能；颜色有多种，常见到的金刚石为无色。金刚石主要用于：1）高级宝石原料，特别是无色或蓝、绿、玫瑰色金刚石，经济价值较高；2）高硬度的切削、钻孔器及金刚砂研磨材料；3）现代尖端工业上的激光器等。

(2) 主要矿床类型

金伯利岩型金刚石矿床：此类矿床是最重要的金刚石原生矿床，其产出的金刚石约占金刚石矿产总量的四分之一。矿床由岩浆喷发成矿作用形成，空间上、成因上与金伯利岩有着密切的关系，其具体特征见前面有关章节。

金刚石砂矿床：此类矿床是世界上金刚石的主要来源。约占金刚石矿产总量的四分之三。金刚石砂矿有残积，坡积，冲积及滨海砂矿诸多成因类型。其中以冲积砂矿工业价值最大。冲积砂矿一般产于现代河床及两旁阶地中，金刚石常在砂砾层中富集。与金刚石共生的矿物不固定。在距原生矿较近的砂矿中，有超基性岩中常见的矿物，如橄榄石、镁铝榴石、镁钛铁矿等。在距原生矿较远的砂矿中，共生矿物成分复杂。镁铝榴石、镁钛铁矿也是找寻原生金刚石矿床的重要找矿标志之一。我国金刚石砂矿主要分布在山东沂水流域，湖南沅水流域及东北、西南地区。

五、压电及光学原料矿床

1. 石英矿床

(1) 性质及主要用途

石英是SiO_2的结晶矿物，硬度7，通常为无色及乳白色，有时因含有某些色素离子而呈现各种颜色。单体无色透明、高纯度（不含气泡及杂质）的石英叫水晶；若含微量着色元素、透明、高纯度的石英，紫色者称紫水晶（含Mn^{4+}和Fe^{3+}），金黄色或柠檬黄色称黄水晶（含Fe^{2+}），浅玫瑰色者称蔷薇水晶（含Mn和Ti），它们可做宝石。石英的硬度高，化学性质稳定，弹性强。单体透明无色石英晶体还具压电效应、旋光性及绝缘性能和透紫外线性能。水晶级的石英主要用做光学材料，制造各种旋光仪、偏光显微镜等。压电石英在电子工业上可用于无线电的振荡器及电子计算机等尖端产品。

(2) 主要矿床类型

这里的石英矿床在某种意义上是指水晶级石英矿床。它主要由热液交代充填作用形成，产于伟晶岩脉的核部。部分水晶形成于老变质岩地层中或气化热液脉状矿体的晶洞中。我国的水晶资源较为丰富，在海南、青海、山西、山东、河南、陕西、浙江、安徽、江西、湖北、西藏、江苏、新疆等地均有产出。

2. 冰洲石矿床

(1) 性质及主要用途

冰洲石是透明质纯的方解石，其重要的特性是具有极高的重折射率，易于加工，但也容易破碎，是偏光显微镜最好的材料，主要用于光学仪器制造方面。

(2) 主要矿床类型

产于镁铁质火山—次火山岩中的冰洲石矿床：分布于大面积出露的基性火山次火山岩地区，矿体呈脉状、囊状等形态产于玄武岩、细碧岩、辉绿岩及凝灰岩等岩石的裂隙或孔洞中，它们是由基性岩浆火山期后热液形成的。规模较小。共生矿物有玉髓、水晶等。

石灰岩中的冰洲石矿床：矿体呈脉状或囊状产于石灰岩破碎带和空洞中，共生矿物主要有燧石、石英、重晶石等。冰洲石矿床系中低温热液交代富钙质岩石而成。我国的冰洲石矿床主要分布在内蒙、吉林、辽宁、北京、江西、广西、云南、四川等地。

六、玻璃及陶瓷原料矿床

1. 长石矿床

(1) 性质与主要用途

长石族矿物是地壳中主要造岩矿物之一，含量约占地壳总重量的50%。长石族矿物为钾、钠、钙的铝硅酸盐，可分为两个矿物系列，即碱性长石系列（包括透长石—正长石—微斜长石—歪长石—冰长石）和斜长石系列（包括钠长石—更长石—中长石—拉长石—培长石—钙长石）。

长石的主要特性是：在高温下熔融后，冷却时不再结晶，而成为透明的玻璃质，钾长石和钠长石这种性质尤为明显，这种玻璃具有高度的绝缘性，可做高压电流的绝缘器材。长石还具有较高的化学稳定性，可制作各种陶瓷制品。制玻璃时加入长石，可使玻璃增强韧性，提高强度，增强抵抗酸腐蚀能力。因此，长石主要用做陶瓷、电瓷、搪瓷、玻璃的原料。因钾长石富含 K_2O，故可烧制钙钾磷肥，钙镁钾肥以及制造氧化钾等。

(2) 主要矿床类型

伟晶岩长石矿床分布广，长石质地较纯，矿体成群出现，总储量大，是长石矿床的主要类型。此类矿床按伟晶岩类型不同可分为三个亚类：花岗伟晶岩中的微斜长石矿床，碱性霞石伟晶岩中的脉状微斜长石矿床和去硅伟晶岩中的钠长石矿床。其中以花岗伟晶岩中的微斜长石矿床工业价值最大。这类矿床主要产于花岗岩和片麻岩中，常成群出现。矿体多呈规则的脉状，长几十米到几百米，宽几十厘米到几米、几十米。矿体内部常有分带现象，由粗大晶体形成的块状微斜长石带，质地纯净，是开采的主要对象。中心的块状石英是很好的玻璃原料，可综合开采利用。这类矿床主要分布在褶皱造山带中花岗岩、花岗伟晶岩广泛分布的地区，如我国新疆阿尔泰伟晶岩区及华南花岗岩分布区。

2. 石英（砂）矿床

(1) 性质及主要用途

作为玻璃和陶瓷原料的石英或石英砂，是利用其具有高纯度 SiO_2（$SiO_2>98\%$）及其熔化后具有高黏结性能。用其制造的产品具有很好的化学稳定性、很强的抗酸碱能力、坚硬、富弹性等特点。因此，石英及高纯度的石英砂主要用于玻璃工业、陶瓷工业及水泥工业。此外，还可用做建筑工业混凝土的主要配料，机械制造业做机械翻砂及金属铸件模型等。

(2) 主要矿床类型

脉状石英矿床：包括伟晶岩脉，变质岩中的石英脉，花岗岩中的石英脉（如华南众多黑钨矿床中的石英脉等）。以前两类石英脉中的石英纯度高，工业价值大。

石英砂矿床：包括河流冲积型，湖泊、滨海沉积型及风成石英砂矿床。这类矿床大多分选性好、储量大，易于露天开采，经济效益高。其中以滨海石英砂矿床工业价值最大。我国东南沿海等地均有质量较好的滨海相石英砂矿和冲积砂矿。在东北、华北、中南及西南各地区分布有冲积砂矿和湖相砂矿床。

3. 滑石矿床

(1) 性质及主要用途

滑石是含水的镁硅酸盐矿物（$Mg_3[Si_4O_{10}][OH]_2$），呈片状集合体，质软光滑，手摸具滑感。滑石有以下性质：1）绝缘性高；2）耐热性强，耐火度高达1490～1510℃，经煅烧机械强度增高；3）化学性质稳定，与强酸和强碱一般不起作用；4）吸附和遮盖力强，滑石粉对油脂、颜料、药剂和溶液里的杂质都有极大的吸附能力；5）润滑性好，在涂料、油漆、塑料、造纸、橡胶、陶瓷、化工、农肥等工业部门有广泛的用途。

(2) 主要矿床类型

最有工业意义的滑石矿床主要有两类：

1）镁质碳酸盐岩区域变质型　此类型占全国滑石储量的99%以上。矿床产于镁质碳酸盐岩区域变质带中。由区域变质作用形成的、含有大量 SiO_2 的热液沿断裂带或地层褶曲部位交代白云岩、菱镁矿，形成脉状、顺层透镜状滑石矿床，同时可与菱镁矿共生。该类型滑石矿床主要分布于辽宁、山东两省。

2）接触交代型滑石矿床　矿床主要产于中酸性岩浆岩与镁质碳酸盐岩的接触带上，是岩浆热液与镁质碳酸盐岩地层发生交代作用形成。矿床规模一般不太大。此类矿床见于赣南、四川等地。

4. 叶蜡石矿床

(1) 性质与主要用途

叶蜡石是一种含水铝硅酸盐矿物，呈水球粒状晶体集合体；常与高岭石、地开石及一水铝石等矿物共生；矿石致密块状，质地较软，有滑腻感；含有辰砂的红色叶蜡石又叫鸡血石，是名贵的工艺品材料。叶蜡石盛产于我国浙江青田、昌化及福建寿山，因此又叫青田石、昌化石、寿山石。

叶蜡石吸水性差，可塑性及黏性较弱，具有良好的机械加工和粉碎、磨细等性质；化学稳定性高，耐酸、耐腐蚀、不易水化；熔点高，耐火度高达1700℃以上；导热、导电率低，绝缘性好；膨胀系数较低等。其主要用途：1）做工艺美术材料；2）做陶瓷原料和釉原料；3）做玻璃纤维合成高强度玻璃钢原料；4）做造纸、橡胶、塑料、油漆、涂料等原料；5）农业上作为杀虫剂载体粉末；6）做白水泥原料等。

(2) 主要矿床类型

火山热液型叶蜡石矿床是主要成因类型。这类矿床主要由酸性和中酸性火山碎屑岩，如晶屑玻屑凝灰岩、熔结凝灰岩及与其相关的层凝灰岩经热液交代作用生成。这类矿床主要分布于我国浙、闽、赣三省及黑龙江东宁、吉林马鹿沟等地区，形成时代主要为侏罗纪、白垩纪和第三纪。

5. 透辉石、透闪石、硅灰石、石榴石矿床

(1) 性质与主要用途

这是一组成因相似的钙、铁、镁、铝硅酸盐矿物，均具耐高温和化学稳定性强的特点。主要用途：1）做高级陶瓷、釉面砖原料，用于机车发动机部件，其抗压强度高于钢铁；2）用于涂料、塑料、橡胶黏合剂及油漆工业，可具保色、抗风化力强等性质。

(2) 矿床类型

这类矿床主要有两个类型：一为矽卡岩型，呈透镜状和不规则状产出；二为变质型，主要呈层状产于含钙、镁质岩（地层）的热接触变质带中或区域热变质带中，矿床规模较大，多分布于古板块拼合带的褶皱造山地区。

七、石油化学工业、轻工业及农、牧、渔业原料矿床

1. 沸石矿床

(1) 性质与主要用途

沸石是一系列浅色的，呈极细的粒状、板状及纤维状硅酸盐集合体矿物的总称。包括菱沸石、钠沸石、片沸石、毛沸石、斜发沸石、钙十字沸石及浊沸石等40种沸石矿物。沸石结构中存在着许多不同形式、彼此相通的孔道，因此内表面积很大。通常，沸石能吸附水分，当加热而引起膨胀、沸腾（沸石即以此得名），变成一个多孔的海绵状体；当气体或液体通过沸石结构孔道时，小于孔径者（分子或原子）可以通行，大者则不能通过，这样就可以使多种分子的混合物得到分离，因此沸石又被命名为分子筛。由于沸石这一特性，使沸石极被重用。沸石还被用于水、空气的净化剂、除臭剂，用于农田保水、保肥及保持农药的有效期，可作为牲畜的饲料配料，促进家畜的生长；在造纸、塑料、树脂、涂料、油漆等工业中用做填充材料可以提高产品的性质；在建筑业中可做隔音、吸湿、保温材料。

(2) 主要矿床类型

矿床成因类型主要有两类：1）热液交代蚀变型沸石矿床，主要形成于海相环境的中酸性火山熔岩，如火山玻璃及火山碎屑岩等经低温火山热液交代作用而成。矿床规模小，工业意义不大；2）沉积型沸石矿床，矿体赋存于湖（海）相沉积的泥砂质岩石中，特别是富钠质的火山灰及火山碎屑岩。矿床是由很厚的富含铝硅酸盐成分的火山灰与碱性水溶液（孔隙水等）反应形成的。我国吉林、黑龙江、河北、福建及浙江等省均有产出。

2. 硅藻土矿床

(1) 性质及主要用途

硅藻土的化学成分主要是 SiO_2 和 H_2O，色浅，细粒多孔，密度较小，熔点高达1610℃，具隔音、绝缘、高吸附性、高过滤性和高漂白性能；化学性质稳定、除氢氟酸外，不被其他酸类所溶解。在建筑业上用做隔音、绝热板、轻质白水泥及瓷面砖等原料；在化学工业中用做油漆、涂料及填加剂材料；在制糖业用做漂白剂材料，在农田中用做肥料的载体，可以增加肥效。

(2) 主要矿床类型

硅藻土主要是由硅藻及其他微小生物（如放射虫、海绵骨针等）遗体的硅质部分组

成。水体中的硅藻等微生物在温暖气候条件下会迅速繁殖，并从水中吸取大量的 SiO_2 构成躯壳，死后有机部分腐烂，而硅质部分则保存下来形成沉积型硅藻土矿床，矿床均与火山岩共生，因为火山物质为硅藻的生长和繁殖提供了丰富的硅质。按沉积环境可分为海相沉积硅藻土矿床和湖相沉积硅藻土矿床。前者矿石质量较好，规模大，是硅藻土矿床的主要类型。后者规模小，矿石质量一般较差。硅藻土矿床的形成时代，主要为第三纪和第四纪，其次为中生代。我国东北吉林及山东等省的硅藻土矿床都属第三纪。

3. 膨润土矿床

(1) 性质及主要用途

膨润土又叫膨土岩、斑脱岩，是一种以蒙脱石为主要成分的极细粒的黏土岩。一般为白色、粉红色、浅灰色、浅黄色等，如被杂质污染，还可呈其他较深的颜色。膨润土柔软而有滑感，吸水性极强，吸水后体积膨到原体积的几倍至30倍，且可塑性好、黏结性高；在溶液中可呈悬浮状态和胶凝状，并具阳离子交换特性及吸附有机质的能力。因此，膨润土可以作为过滤剂、漂白剂和净化剂用于饮用水源，石油化工，工业废水处理等方面；制成的泥浆大量用于岩土钻探工程；代替淀粉在轻纺业中用于浆纱。此外，还可用于冶金、橡胶、农、林、牧、陶瓷、建筑工程等20多个部门，被誉为"万能矿物"。

(2) 主要矿床类型

风化残积型膨润土矿床：主要由富含铝硅酸盐的各种火成岩，变质岩及部分沉积岩经强烈风化作用形成。矿体呈透镜状、似层状、被状、多层状产出。矿体一般厚数米至数十米，长数十米至数百米，甚至达千米，延深数十至百米。矿石中常含有残余母岩及残余结构构造。矿石的矿物组合为蒙脱石、水云母、绿泥石、高岭石、埃洛石等。膨润土矿床在剖面上常具有分带现象，自上而下，一般分为：含氧化铁较高的风化带—紫、红、褐等色膨润土—灰、青灰、白色膨润土—含母岩残块的膨润土—蒙脱石化母岩。此类型矿床在我国分布较广，吉林、山东、河北、江西、湖北和广东等省均有产出。

火山—沉积型膨润土矿床：矿床由火山沉积成矿作用形成，产于火山沉积建造的火山-沉积过渡相内，矿体呈层状，似层状，与顶底板围岩呈整合关系。离火山物源距离越远，矿层厚度越薄。

陆源—沉积型膨润土矿床：矿体呈层状、似层状、透镜状产于正常沉积岩系中，并遵循一定的沉积规律。顶底板可以是海相，也可以是陆相的砂页岩和少量泥灰岩层。如新疆夏子街膨润土矿床即属此类。

热液蚀变型膨润土矿床：主要由岩浆侵入，火山喷发旋回晚期产生的中低温酸性气液，淋滤出铝硅酸盐中的部分硅、碱、碱土金属，发生蒙脱石化作用形成，或由含 Mg^{2+} 的碱性溶液对母岩交代而成。矿体多产于碱性—酸偏碱性的火山岩、次火山岩、火山碎屑岩、火山—沉积岩中。矿石中主要的伴生矿物有重晶石、沸石、软锰矿、镁绿泥石等热液蚀变矿物。

4. 重晶石矿床：

(1) 性质及主要用途

重晶石（$BaSO_4$）是最重要的含钡矿物，一般呈白色，比重较大（4.3～4.7），硬度较低，化学性质稳定，不溶于水与酸。主要用于：1）石油钻井井口上面的加重物（防止井喷）及井中泥浆加重剂，以保护井壁，世界上每年有90%的重晶石用于此项。2）化学工业中钡盐有2000余种，广泛用于试剂、催化剂、农药、医药及荧屏等方面。此外，重晶石还可用于陶瓷、橡胶、各种玻璃制品及尖端工业方面。

(2) 主要矿床类型

中低温火山热液型重晶石矿床：此类矿床是重晶石矿最主要的工业类型。矿体围岩有多种，但多数巨型或大型矿床均产于硅铝质岩石中，围岩常伴有硅化、高岭土化及碳酸盐化；矿体受断裂构造控制明显，一般为脉状、透镜状产出。

沉积型重晶石矿床：矿体呈层状、似层状，延长可达几千米，甚至几十千米，厚度一般数米到几十米。重晶石以主要矿物或胶结物形式存在于湖相或海相细碎屑岩或泥质岩中，或赋存于砂页岩和石英岩层之间。矿石矿物大部分为重晶石，少量石英及方解石。矿石品位高，一般可达80%以上。这类矿床规模很大，主要含矿层位是泥盆系和石炭系，其次为寒武系，奥陶系。这类矿床在我国分布较广，广西、陕西、湖北、湖南、福建等地均发现有大型矿床。

八、工艺美术及宝（玉）石原料矿床

1. 宝石的分类和用途

广义的宝石是指自然产出的，能达到工艺要求的矿物、矿物集合体、岩石以及某些动植物（如象牙，珍珠，琥珀，珊瑚）等。其又分为宝石，玉石和彩石。狭义的宝石是广义宝石中的高档部分，一般指天然生成的单个晶体或晶体的一部分，主要用做价值较昂贵的首饰镶嵌品。玉石是指细小的（粒径小于0.05mm）同种矿物集合体（有时含少量其他矿物杂质）或不够宝石级的单晶，颜色美观，光泽喜人，质地细腻，硬度大于4，主要用以雕刻精美的工艺品或磨制廉价首饰的镶嵌件。彩石常指那些颜色鲜艳美丽、光泽好或有奇特花纹的岩石，主要用以工艺造形、室内装饰等方面。

2. 对宝石材料的质量要求

自然界可作为宝石，玉石的矿物有230种，比较重要的近百种，如金刚石、刚玉、黄玉、绿柱石、金绿宝石、电气石、锂辉石、石榴石、橄榄石、硬玉、锆石、贵尖晶石、镁铁尖晶石、青金石、绿帘石、金红石、红柱石、磷灰石、水晶、绿松石、贵蛋白石、硅孔雀石等。上述所列矿物并非都是宝（玉）石级材料，对宝（玉）石材料的质量要求主要有以下几个方面：(1) 色泽要鲜艳明亮，光彩夺目；(2) 透明度要高，透明度越高，表明宝（玉）石质量越好，即无瑕疵，无解理，无杂质，无微包裹体存在；(3) 硬度要高，抗磨性强，化学性质稳定，抗酸碱性能较强；(4) 质量越重越有价值，宝石一般很小以克拉（1ct = 0.2g）来计算质量。好玉石一般要求0.5kg以上，低档玉要求2kg以上。

3. 宝（玉）石矿床的主要类型

(1) 红、蓝宝石矿床：红宝石、蓝宝石的矿物名称是刚玉，化学成分 Al_2O_3。红色（包括血红、玫瑰红，粉红等）刚玉宝石称红宝石，其他颜色刚玉宝石统称蓝宝石。刚玉属多成因矿物，可分布在成因不同的岩石中，如优质红宝石产于大理岩中，是在角闪岩相条件下，受区域变质作用而形成。红宝石产于奥长伟晶岩、强变质层状斜长杂岩体及玄武岩和超基性岩中，是由气水热液交代作用形成的。绝大部分蓝宝石赋存于玄武岩中，是玄武岩浆早期结晶的产物等，但独立的红宝石、蓝宝石矿床却极其罕见。具有工业意义的红宝石和蓝宝石矿床主要是原生含矿岩石或矿床附近的冲积和残坡积砂矿床。

(2) 翡翠矿床：翡翠是玉石中最珍贵的产品，俗称“玉石之冠”。翡翠的矿物成分主要是硬玉，属钠铝辉石。天然翡翠常含有呈类质同象形式存在的混入物，根据混入物的比例关系，翡翠可分为纯翡翠、透辉石翡翠和暗绿玉三种。翡翠的颜色有无色、白色、绿色、翠绿色、黄绿色、浅黄绿色、褐色、红色、橙色、紫色、粉紫等。其中红色称“翡”，绿色称为“翠”。翡翠硬度6~7，透明至不透明，呈玻璃光泽，油脂光泽，原生料呈块状，次生料为翡翠砾石。

硬玉主要产在榴辉岩、角闪岩、蓝闪石片岩等变质岩中，属变质矿物，但几乎全世界的翡翠矿床都产在超基性岩的交代岩中或岩体与变质岩的接触带，集中在超基性岩体顶部和巨大围岩捕虏体附近，并常与钠长岩、角闪岩共生，附近有酸性岩浆活动。

(3) 软玉矿床：软玉是具有交织纤维显微结构的透闪石—阳起石矿物集合体，其中白玉至青玉均系透闪石集合体，黑碧玉及墨玉系阳起石集合体。软玉质地细腻，半透明，油脂光泽，韧性好，易于加工，是高级工艺雕刻材料和装饰宝（玉）石材料。

我国软玉主要有两种成因类型，一是产于中酸性岩浆岩与镁质大理岩接触带中的软玉矿床（矽卡岩型）；二是产于蛇纹石化超基性岩中的软玉矿床，由热液交代作用而成。我国以新疆的和田玉最为著名。

思 考 题

1. 谈谈你对非金属矿床重要性的认识？
2. 非金属矿床具有哪些特点？
3. 简述石灰岩、白云岩的主要性质和主要用途。
4. 耐火黏土矿床是怎样形成的？
5. 简述硫矿资源的主要来源及主要用途。
6. 简述石棉矿床的主要类型。
7. 你是怎样理解建筑石材矿产的？
8. 金刚石矿床具有“一矿多用”的特点吗？请举例说明。
9. 工业上主要利用云母的哪些特性？
10. 可用做光学原料的矿床有哪些？
11. 石英矿床有哪些主要类型及用途？
12. 简述膨润土的主要特性及矿床类型。
13. 简述重晶石的主要用途及主要来源。
14. 什么是宝石？谈谈你所知道的宝石矿床。

第十章　矿床工业类型

第一节　矿床工业类型的概念和划分依据

矿床工业类型是按矿床中主要矿石加工工艺特征和加工方法而划分的矿床类型。矿床工业类型的划分是建立在矿床成因类型的基础上的。对多数矿产来讲，其成因类型是多种多样的。但在工业上起重要作用并作为找矿主要对象的，常常是其中的某些类型。以铁矿为例，它的矿床成因类型多达十几种，但就世界范围讲，工业价值较大的不过是沉积变质型（占储量60%）、海相沉积型（占30%）和热液、岩浆型等四、五种。工业类型的划分是从矿床工业意义的大小着眼的。划分工业类型的目的，在于突出有重要意义的矿床类型，作为找矿和研究工作的重点，以便深入研究它们的地质特点、形成过程和分布规律。

划分矿床工业类型的依据，尚无统一原则，主要考虑以下几方面因素：

1. 矿床的工业价值及代表性。如储量、品位、矿石的综合性、采矿、选矿、冶炼的技术条件；

2. 矿床的成因类型；

3. 矿石建造；

4. 围岩性质；

5. 矿体的形状和产状；

6. 其他因素，如矿床构造、成矿时代等。

在具体划分时，往往根据主要因素来确定，例如有以成因为主的，如铬矿床可分为早期岩浆矿床，晚期岩浆矿床、砂矿床；有以矿石建造为主的，如含铜砂页岩矿床、含金－铀砾岩型矿床；也有以时代为主的，如早震旦世宣龙式海相沉积铁矿床，晚泥盆世宁乡式海相沉积铁矿床等。

必须指出，矿床工业类型划分以及每一类型的经济意义都不是固定不变的。目前已划分出来的各种矿床工业类型都是相对的、暂时的。其改变的主要原因，有下列四种：

1. 矿床新类型的发现。

2. 矿石技术加工、采矿技术和采矿方式的改善，如斑岩铜矿床，由于铜矿石的品位较低，一般在0.3%～0.8%，半个世纪前还不能作为工业矿石利用，后来采用了浮选法和大规模机械化露采，现已成为铜矿床的主要工业类型。

3. 综合利用，如我国四川攀枝花钒钛磁铁矿床的铁矿石中除钛、钒之外，还含有铬、锰、镓及少量的钴、镍等。硫化物中伴生有钴、镍、铜、硒、碲及铂族元素等，均可供综合利用。内蒙白云鄂博铁矿可兼用几十种稀有稀土元素。

4. 工业上的新需要，如因原子能利用的需要，必须大力寻求铀资源，就可适当降低工业品位和其他工业指标，结果，将一些原来不够工业类型要求的铀矿床列入了铀矿床的新工业类型。

第二节　矿床工业评价的基本原则

对矿产资源的调查、开发和利用直接关系到社会生产力的布局、发展和现代化经济建设。摸清我国矿产资源的特点，从数量、质量、分布、开发利用条件和供需保证程度等方面进行综合分析，以便正确地认识自然优势，更好地发挥这些自然优势。适时而又合理开发利用，对国民经济的发展和现代化建设将会发挥更大的作用。所以，对每一个矿床的评价必须全面地考虑其所有因素，充分注意矿产的综合利用。评价矿床工业价值主要有以下几个原则：

1. 国民经济的需要

例如我国为了早日实现四个现代化，需要与农业有关的矿产（钾、磷、硫）、燃料矿产（石油、煤、天然气）、富铁矿、金刚石、铬、铂等。这些都是我国当前急需寻找的矿种。甚至在某些地区对于某些急需的矿产，必要时可以适当降低矿石的某些工业指标，以扩大矿产来源。

2. 矿床本身的特征

主要包括矿床储量、品位、综合利用组分、矿体形状和产状、埋藏深度、水文地质情况、开采、选矿和冶炼条件等。对金属矿产来说，储量和品位是最重要的因素，综合利用和综合评价非常重要。自然界中的矿产，大多是多种矿物或元素错综复杂的共生体。如铅锌矿石中常伴有 Ag 和 Ge、Ga、In、Cd、Tl 等稀有金属，而有时矿层的顶底板可有菱铁矿。接触交代铁矿床中常伴有 Co、Cu。实践证明，大搞综合利用和综合评价可使单矿变多矿，贫矿变富矿，这是一项重要的技术经济政策。

3. 矿区有利的经济地理条件

包括矿区的动力资源、水文条件、交通条件、建筑材料、地区资源、人口、劳动力和生活供应等情况。

4. 有效的组织管理及财政的能力等

当前要根据先富后贫，先近后远，先浅后深，先易后难的方针，在深入调查研究和经济技术条件对比的基础上，优先探寻“富、近、浅”矿和易选易炼的矿，注意综合利用。为满足当前建设的需要，力争现有企业就近“供料”。同时要为长远建设准备更多、更好的可供选择的矿产地。

矿床工业类型一般是按矿种来分别描述的，本教材以铁、铜等的工业类型为例，作简要阐述。

第三节　铁　矿　床

一、概述

作为钢铁工业的基本原料，铁矿起着骨干和主导作用，用来炼制生铁、熟铁，在此基础上炼制各类钢材和合金。如在炼钢过程中加入不同比例的锰，可炼制不同类型的锰钢，加入铬则可炼制不锈钢及各种合金钢等。钢铁的应用十分广泛，无论是机械制造、交通运输、水利电力、化工轻工还是国防工业、农业乃至日常生活都离不开钢铁。所以人们常以钢产量的多寡作为衡量一个国家工业化程度的标志。

铁在地壳中分布广泛，其分布量是最多的元素之一，仅次于氧、硅、铝，所以一般铁矿床具有规模大，分布广的特点。在工业利用上铁的工业矿物主要有磁铁矿（Fe_3O_4，ω（Fe）72.4%）、赤铁矿（Fe_2O_3，ω（Fe）70.0%）、镜铁矿（Fe_2O_3，ω（Fe）70.0%）、菱铁矿（$FeCO_3$，ω（Fe）48.2%）、褐铁矿（$Fe_2O_3 \cdot nH_2O$，ω（Fe）48%~62.9%）、针铁矿（Fe_2O_3，ω（Fe）62.9%）。

1. 工业指标

对不同矿石类型的边界品位及工业品位的要求见表 10-1。

不同类型铁矿石品位指标　　表 10-1

矿石工业类型	ω（TFe）%		矿石工业类型	ω（TFe）%	
	边界品位	工业品位		边界品位	工业品位
磁铁矿石	20	25	菱铁矿石	20	25
赤铁矿石	25	28~30	褐铁矿石	25	30

对于可采厚度及夹石剔除厚度的要求，目前大、中型露天铁矿的生产要求：可采厚度为 2~4m，夹石剔除厚度 1~2m，甚至还要大一些；地下开采要求：可采厚度 1~2m，夹石剔除厚度 1m。

如果矿石易采、易选，经济效益好，或含有可以综合回收的伴生组分时，则全铁（TFe）品位要求还可低些，如果矿石中硅酸铁、硫化铁、铁白云石含量较高时，其全铁品位要求则应适当提高。

2. 入炉铁矿石的质量要求

包括入炉铁矿石的全铁品位、有害杂质含量及矿石块度等。其中炼钢用铁矿石（原称平炉富矿）质量要求见表 10-2，炼铁用铁矿石（原称高炉富矿）质量要求见表 10-3。

炼钢用铁矿石（ω_B%）　　表 10-2

矿石类型	TFe	SiO_2	S	P	Cu	Pb、Zn、As、Sn
磁铁矿石或赤铁矿石	≥56~60	≤8~13	≤0.1~0.15	≤0.1~0.15	≤0.2	均≤0.04

注：矿石入炉块度，平炉一般为 25~250mm，转炉一般为 10~50mm。

炼铁用铁矿石（ω_B%）　　表 10-3

矿石类型	TFe	SiO_2	S	F	其他有害杂质
磁铁矿石 赤铁矿石	≥50		≤0.3	≤0.25	Cu≤0.1~0.2 Pb≤0.1
褐铁矿石 菱铁矿石①	≥50		≤0.3	≤0.25	Zn≤0.05~0.1 Sn≤0.08
自熔性矿石	≥40	≤10	≤0.3	≤0.25	F≤1.0 As≤0.04~0.07

注：入炉块度一般为 8~40mm。

①表中所列组分的含量，是指扣除烧损折算后的含量。

二、矿床工业类型

1. 岩浆型铁矿床

来自地壳深部和上地幔的岩浆，在其冷凝结晶过程中，通过岩浆岩的熔离作用、结晶分异作用，使岩浆中的成矿物质富集起来，形成与岩浆作用有直接关系的矿床，其中岩浆型铁矿是其重要矿床类型。此类矿床以含钒钛而著名，所以又称钒钛磁铁矿矿床。

含矿母岩为富铁质超基性岩和基性岩，岩体一般产于地台区，也有产在后寒武纪的地槽带。矿体产于岩体的一定部位。含矿岩体往往呈线状分布于深断裂带及其附近，具体矿床的产出位置则与断裂带所派生的次级断裂密切相关。

(1) 岩浆晚期分异型铁矿床（攀枝花式）

含矿岩体常呈较大的单斜层状和岩盆状产出，分异良好，矿体赋存于岩体下部和底部，呈层状、似层状产出，与岩体层状构造基本一致。有的岩体中显示出多层状韵律性的特点，矿床也相应由多层矿体组成，但矿床与围岩界线不清，是重力分异作用的产物。

金属矿物以钛磁铁矿为主，粒状钛铁矿次之，并含少量磁黄铁矿、黄铁矿及其他钴镍硫化物。脉石矿物有基性斜长石、橄榄石、磷灰石等。矿石构造以浸染状为主，次为条带状和块状构造，矿石结构为海绵陨铁结构和固溶体分解结构。规模多为大型，如四川攀枝花钒钛磁铁矿矿床（见实训指导书——矿例一）。

(2) 岩浆晚期贯入式矿床（大庙式）

矿床位于辉长岩和斜长岩体的接触带或沿岩体的裂隙带分布。矿体呈脉状或不规则透镜状，成群出现，雁行排列。单个矿体长数米到数十米、数百米不等，厚度约数十米，延深数十米至数百米。有时地表分散的矿体在深部连成一体，有时一个矿体在深部也可分支。

这种矿床是富含挥发分的残余铁熔浆沿构造裂隙贯入而成。矿石成分与晚期岩浆分异型类似，但常见金红石。矿石呈致密块状、浸染状构造，有用矿物颗粒较粗大，矿石易选，矿床规模大中型。如河北大庙铁矿床（见实训指导书——矿例二）。

2. 矽卡岩型铁矿床

这类矿床占我国铁矿总储量的12%。其中富矿储量约占全国富铁矿储量的40%，是我国重要富铁矿床类型。矿床主要产于中-酸性侵入岩与碳酸盐类岩石接触带或其附近，大部分矿体产于矽卡岩中，也有些矿体产于围岩中。

从大范围看，该类矿床多产于隆起区的边缘凹陷带。岩体及矿床经常产于两组较大构造体系的交汇处。如我国东部地区邯邢、豫西、鄂东南、闽粤等地的矿床，主要受东西向构造和北北东向构造复合部位控制。控制矿体的构造形式主要有：褶曲（特别是背斜）的倾没端或两翼，断裂构造带和侵入接触面交汇部位，接触带附近的围岩层间裂隙或层间错动带等。

侵入体的产状、形态和接触带特征，对矿化富集亦有重要意义。侵入体与围岩接触面参差不齐，特别是侵入体顶面隆起及接触界面坡度突变处等，有利于形成较富的矿体。围岩层位对形成矽卡岩型铁矿床也有重要意义，我国这类矿床矿化围岩的层位十分广泛，但主要为中奥陶统（占本类铁矿的45%以上），其次为三叠系、二叠系、石炭系。

矿体形态复杂，与围岩产状一致时多成似层状、凸镜状，规模较大，与围岩产状不一致时形态较复杂，一般规模也较小。矿石多为富矿，含铁常大于45%，硫的含量变化大，从百分之几到十几。有些矿床的矿石常伴生有铜、铅、锌、锡等有用组分，可综合利用。矿石的构造以致密块状为主，部分为浸染状、条带状或角砾状。结构以半自形粒状结构为主。

3. 玢岩型铁矿床（与陆相中性火山-侵入活动有关的铁矿床）

本类矿床主要产于地台区坳陷带内，成矿作用与安山质火山岩-次火山岩（闪长玢岩）密切相关。有关矿床特征已在热液矿床一章中叙述。

由于这些类型矿床的形成均与玢岩产出有关，故通称为“玢岩铁矿”。这类矿床以我国长江中下游的宁芜、庐枞盆地为典型代表。南美智利北部和原苏联中亚土尔盖地区也有这类矿床产出。

4. 沉积型铁矿床

这类矿床是在浅海环境中由沉积作用形成的矿床。矿床在空间和时间上分布均十分广泛，在我国占铁矿总储量的13%左右。其中富矿占我国富铁矿探明储量的3.7%。

这类矿床常产于地台的边缘凹陷区，含矿建造常位于一个大的海侵岩系的底部，大多为浅海近岸沉积。矿体呈层状，常产于砂页岩向钙质页岩递变的层位中，矿层的上覆岩层常为黑色页岩（部分含炭质），下伏岩层常为砂质岩石。矿石矿物一般以赤铁矿和菱铁矿为主，部分为菱铁矿或鲕绿泥石，矿物成分的不同反映了沉积环境和介质条件的差异（见第六章有关部分）。

浅海沉积铁矿床的形成严格受古地理环境控制。铁主要来自大陆岩石风化的产物。长期遭受风化剥蚀的古陆上的富含铁质岩石和含铁建造是沉积铁矿床铁的主要来源。离古陆不远的浅海区，尤其是半封闭的海湾、泻湖或海岛区，即海岸线曲折程度大的地方有利于铁的聚集。靠近古陆的滨海环境和远离古陆的深海环境均不利于铁的沉积。沉积区沉积幅度适宜，特别是沉降幅度不大而又沉降均匀的地方，有利于铁矿的生成。

当古陆上的铁质岩石还富含锰时，在有利的风化条件和适宜的沉积环境中，沉积铁矿床和沉积锰矿床可相伴产出，形成沉积的铁矿床和锰矿床组合。有时在一定层位中二者相间成层。有的二者具上下层位关系，且铁矿层多在下部，锰矿层则居于其上。少数情况下铁锰矿层呈横向渐变过渡，如新疆莫托沙拉的锰铁矿床即有上述特征。

5. 变质型铁矿床

此类矿床在世界铁矿床中是最重要的，占世界铁矿总储量的60%，占富铁矿的70%。我国此类铁矿约占总储量的48%，占富铁矿储量的27%。

变质型铁矿床产于世界各地前寒武纪地盾区和地台区，矿床的形成与前寒武纪地壳演化密切相关。该类型矿床在我国通称“鞍山式”铁矿，泛指时代老于18亿~19亿年的前寒武纪变质沉积含铁石英岩矿床。矿床特征已在变质矿床一章中叙述。

矿床成因一般认为，是地槽早期火山沉积或沉积矿床经区域变质而成。物质来源主要与海底火山喷发活动直接或间接有关，也有部分来自陆源。

6. 古风化壳型富铁矿床

这类富铁矿是磁铁石英岩建造出露地表后，经风化淋滤作用使 SiO_2 溶解被带走而形成的。矿床的规模一般都较大，品位高，易采，易选，国内外都给予极大的重视。印度的比哈尔－奥里萨和美国的上湖铁矿原始品位只有25%，风化淋滤富集后铁的品位可达55%~58%，巴西的米纳斯铁矿风化后，含铁达68.7%。

古风化壳型富铁矿床的矿石主要是针铁矿-赤铁矿矿石、粉末状赤铁矿矿石，与致密的磁铁石英岩相比，孔隙度由4%～5%增加至25%～30%，石英含量由15%～25%减少到0.5%～8%，赤铁矿的含量由75%～80%增加到97%～98%。由此可见古风化壳型富铁矿床的形成主要是风化淋滤作用的结果，使石英淋失，同时带出钙、镁、铝组分，使磁铁矿氧化为赤铁矿，赤铁矿则和水结合形成针铁或其他含水氧化物，它们充填于淋失空隙中，形成致密状富铁矿。当这类致密矿石再经受脱水、重结晶后可形成纯赤铁矿矿石。这类矿石中二氧化硅和三氧化二铝含量均不超过1%，矿石品位常达60%以上。

古风化壳型富铁矿床的深度随地区内的地形、地貌、风化类型以及围岩性质不同而发生变化。面型氧化带氧化深度为20～200m，线型氧化带可深达1300m，有的地区甚至达到2400m。

第四节 铜 矿 床

一、概述

铜是人类利用最早的金属之一。纯铜呈浅玫瑰色或暗红色。密度8.89g/cm^3，熔点1083℃，富有延展性，具有良好的导电性、导热性。容易与其他金属制成合金，如Cu-Sn合金，称“青铜”，是人类利用最早的合金。Cu-Zn合金称“黄铜”，广泛应用于日常生活中。Cu-Ni-Zn合金称“白铜”，最早出现于我国云南，后来流传到国外，称为“中国银”。这种合金呈银白色，硬度高，不易腐蚀，是制造医疗器械的优质材料。此外，还可制成Cu-Al合金，Cu-Ni合金，Cu-Be合金，Cu-Co合金，Cu-Cd合金，Cu-Fe合金，Cu-Pb合金等。铜主要应用于电气工业、机器制造业、化学工业和国防工业。

已知含铜矿物约250种，其中最重要的工业矿物是黄铜矿（$CuFeS_2$，ω（Cu）34.5%）、斑铜矿（Cu_5FeS_4，ω（Cu）63.3%）、辉铜矿（Cu_2S，ω（Cu）79.8%）、其次是赤铜矿（Cu_2O，ω（Cu）88.8%）、黑铜矿（CuO，ω（Cu）79.8%）、黝铜矿（$(Cu, Fe)_{12}Sb_4S_{13}$，ω（Cu）52.1%）、铜蓝（CuS，ω（Cu）66.4%）、孔雀石（$CuCO_3 \cdot Cu(OH)_2$，ω（Cu）57.3%）等等。

根据我国当前生产情况，按矿石氧化率（即氧化铜的含量占含铜总量的百分数）把铜矿分成三个类型，即氧化矿石（氧化率大于30%）、混合矿石（氧化率为10%～30%）、硫化矿石（氧化率小于10%）。

工业上对铜矿的要求见表10-4所示。

铜矿床工业指标　　表10-4

项　目	硫化矿石		氧化矿石
	坑　采	露　采	
边界品位（ω（Cu）%）	0.2～0.3	0.2	0.5
工业品位（ω（Cu）%）	0.4～0.5	0.4	0.7
可采厚度（m）	≥1～2	≥2～4	≥1
夹石剔除厚度（m）	≥2～4	≥4～8	≥2

二、矿床工业类型

1. 岩浆型铜-镍硫化物矿床

这类矿床常以镍为主，伴生有铜，但铜的含量一般都比较高，也有的矿床中铜是主要金属。在这类矿床中还常伴生有铂族金属（Pt、Pd 等）、钴、金、银、硫、硒、碲等多种有益组分。例如世界最著名的加拿大肖德贝里矿床中可以回收 15 种金属。

这类矿床在成因上及分布上与基性和超基性岩有关，大多数矿体直接产在基性和超基性侵入岩中。主要含矿岩石有苏长岩、橄榄岩、辉石岩、橄榄辉长-辉绿岩等。这些岩石均为深成侵入体，形态大多呈岩盆或岩床，也有的为规模较大的岩墙。含矿岩石中镁铁比值一般为 5~7，而且含 Mg 低的岩石中的铜的含量高，镍则相反，在含 Mg 高的岩石中含量高。

2. 矽卡岩型铜矿床

矽卡岩型铜矿床分布相当广泛。由于其规模一般较小，矿体形态较复杂，所以，国外这类铜矿床在铜的总储量中所占比例甚小。但在我国，矽卡岩型铜矿床却占有重要地位，不仅分布十分广泛，而且有些矿床规模巨大。矽卡岩型铜矿在我国铜的总储量中占第 4 位，约为 11.81%。

矽卡岩型铜矿床矿石品位高，一般含铜 1%~1.5%，有的可达百分之几，我国某矿床铜品位在 4%以上，这类矿床中常含有多种有用组分，铁是普遍的伴生金属。此外，还常含有 Au、Ag、Co、Bi、Mo、Pb、Zn、S、Se、Te 等，通常可综合利用。

这类矿床的矿体主要产在侵入岩体（主要是一些中酸性岩石）与碳酸盐类岩石接触带的矽卡岩中，有的产在侵入体内的碳酸盐岩石捕虏体周围的矽卡岩中，也有的沿碳酸盐岩层中间的矽卡岩交代，形成层状或似层状矿体。

我国长江中下游是有名的矽卡岩型铁铜矿带。在这个带内有一系列矽卡岩型铜矿床分布，是我国重要铜矿带之一，其找矿前景仍有巨大的潜力。

矽卡岩型铜矿床的主要工业矿物是黄铜矿和斑铜矿。其他金属矿物有：磁铁矿、黄铁矿、磁黄铁矿、辉钼矿、方铅矿、闪锌矿等，脉石矿物主要是矽卡岩矿物。

我国与矽卡岩型铜矿有关的侵入岩体，大多为燕山期岩浆活动的产物，岩体侵入的围岩时代相当广泛，但南北方有些不同，北方各省矽卡岩型铜矿大都产在震旦纪、寒武纪及中奥陶世、早泥盆世、中石炭世的碳酸盐岩石与燕山期花岗闪长岩、花岗岩及部分闪长岩的接触带中，其中以寒武-奥陶纪灰岩为主。南方各省的矿床则主要产在奥陶纪、石炭纪、二叠纪、三叠纪的碳酸盐岩石与燕山期的花岗闪长岩和闪长玢岩的接触带中，其中以三叠纪的灰岩、白云质灰岩及二叠纪的灰岩为主。

3. 斑岩型（细脉浸染型）铜矿床

斑岩型铜矿床是最重要的铜矿床类型之一，在我国约占铜金属量的一半。典型矿床有江西德兴、西藏玉龙、黑龙江多宝山、山西铜矿峪等斑岩铜矿床。

斑岩铜矿床具有矿床规模大（铜的储量一般都有几百万吨，有的达几千万吨），矿体埋藏浅、易于开采，矿石品位低，但矿化均匀，易于选别，矿石成分简单，可供综合利用的组分多（除铜外，尚可综合利用 Au、Ag、Mo、Se、Te、Re 等元素）等特点，因此经济价值巨大。

矿化多集中在岩体顶部（矿化特征见热液矿床的有关部分），岩体时代一般较年轻，我国在早元古代地槽凹陷期，随海底火山喷发，伴随有中酸性次火山岩小侵入体，形成山西铜矿峪式矿床，而典型的斑岩铜矿床从晚古生代到中新生代，尤以中新生代占绝对优势。在中生代主要是燕山期，发育有与陆相火山-次火山岩有关的一系列斑岩型矿床（Cu、Mo、Sn、W、Pb、Zn等），直到喜马拉雅期仍有矿化。国外已知斑岩铜（钼）矿床的成矿时代，主要集中在中-新生代褶皱带中，属侏罗-第三纪。

4. 火山沉积块状硫化物型铜矿床

块状硫化物型铜矿床又称黄铁矿型铜矿，是一个重要的铜矿床类型，在有些国家的铜矿资源中占有重要地位。在我国，此类矿床铜储量约占铜金属储量的11.89%。

这类矿床形成的地质时代相当广泛，从前寒武纪至第三纪均有这类矿床生成。它们主要产于海底火山喷发的熔岩和碎屑岩中（矿床特征见沉积矿床的有关部分），矿床规模一般较大，常成群出现，形成巨大的矿带。如西班牙-葡萄牙矿带长230km，宽30~40km，共有60多个矿山开采，矿石总储量达10×10^8t以上。此外在该矿带中还有300多个锰矿山。日本的黑矿矿带自北海道延至本州，长达1200km，宽50km。现有大小矿床100多个。日本西部变质带中已开采的块状硫化物矿床也有150多个。乌拉尔东部也有100多个块状硫化物矿床。塞浦路斯特罗多斯杂岩体中，已发现的块状硫化物矿床和矿点亦有100多个。

5. 沉积型层状铜矿床

沉积铜矿床是指与火山活动无关的正常沉积作用形成的铜矿床。这类矿床在时间和空间上分布均相当广泛，铜的储量占全部储量的比例：世界上约为30%，我国为23.5%。

这类矿床的矿体产在一定时代的沉积岩相中，具有一定的层位。矿体呈层状或凸镜状，与含矿岩层呈整合关系。矿床根据其形成环境可分为两大类：海相沉积铜矿床和陆相沉积铜矿床。

（1）海相沉积铜矿床

这类矿床形成于浅海环境，分布广泛，具有重要的经济意义。而且矿石中含铜较富，一般铜的平均品位为2.4%，铜矿石中还常有许多其他金属伴生，如铅、锌、银、铀等，铜金属储量常在几百万至千万吨以上。这类矿床根据含矿岩石类型不同，可分为页岩型铜矿床（含铜岩石主要为页岩）、砂岩型铜矿床（铜矿体主要产在砂岩中）和灰岩-白云岩中的层状铜矿床（铜矿体主要产在灰岩和（或）白云岩中，如我国东川铜矿等）。

（2）陆相沉积铜矿床

这类矿床主要产在陆相盆地沉积的红色砂岩中，故又称"红层铜矿"或"砂岩铜矿"，是一个分布很广的铜矿床类型。如我国云南中部的一些矿床等。

这类矿床主要分布在中生代-新生代的大陆边缘盆地和褶皱带的边缘盆地及山间盆地中。含矿岩石多半为河流相或湖泊相的砂岩，矿体受红层中浅色岩层的控制。其上常有含盐层覆盖。含矿层主要分布于红层底部，特别是紫色层和浅色层接触处附近。矿体中硫化物常有分带现象，一般由紫色层至浅色层依次为辉铜矿-斑铜矿-黄铜矿-黄铁矿等。

思考题

1. 矿床工业类型的概念。
2. 铁矿床有哪些工业类型。
3. 铜矿床有哪些工业类型。

矿床地质基础实训指导书

实训说明与要求

一、本课程实训目的是以课堂已学的有关理论知识为指导，以典型矿床为实训对象，通过对矿床实际资料的观察、分析和研究，了解并掌握各类矿床形成的地质条件、地质特征和成矿机制，加深对课堂理论学习内容的理解和巩固，培养学生利用矿床实际资料分析问题和解决问题的能力，树立科学的工作态度和严谨的工作作风。要求实训课前应复习有关理论知识，预习实训指导书有关内容，做好准备。

二、本书安排的18个典型矿例，并不要求全部实习，各校也可结合所处区域成矿特点作适当选取和补充。

三、矿床实训是通过对各类典型矿床矿例实际资料的分析了解进行的，每次实训应提供以下四方面的资料：

1. 文字资料。

指包括区域地质、矿区地质、矿床地质、矿床成因等的文字介绍。

2. 地质图件资料。

地质图件是野外地质情况的形象语言，是矿床地质特点与成矿机理的直观表现形式，通过读图分析，可帮助了解和掌握矿床地质特点与控矿条件，为课堂实训重要内容之一。供实训用的主要图件有：

(1) 区域地质图与矿区（矿床）地质图　此种图主要反映矿床所在区域和矿区范围内地层时代、岩性、岩相、含矿层位、区域构造轮廓（矿区构造特征）及岩浆岩分布等，据此可分析了解成矿区域地质条件或地质背景。对于沉积矿床，还应附有岩相古地理图，以反映成矿古地理环境。

为精简篇幅，本指导书中，区域地质图多被省略。在实训中应绘备此种挂图，补其不足。

(2) 矿体地质剖面图（纵剖面图、横剖面图、水平断面图）此类图重点反映矿体产状、形态、规模、分布格局、顶底板岩性及蚀变特征等。

(3) 反映矿化特征的各种素描图及矿体内部结构图等。

(4) 其他综合性图件，如成矿期和成矿阶段图、围岩蚀变分带与矿化分带图等。

3. 各种原始的、综合性的测试数据表格。

4. 岩石（包括蚀变围岩）、矿石标本等实物资料。

此外，矿床立体模型也是颇具教学效果的实物资料。

上述实训资料是互有联系、互为依据的统一整体，应结合起来阅读、观察和分析研究。

四、每次实训教学过程，可按以下四个步骤进行：

1. 教师简要讲解

即由指导教师结合图表和实物标本简要讲解实训目的、实习内容、要求和矿床简况，并指出必须重点观察、分析、思考的问题及注意事项。

2. 学生自我读图、观察标本、作分析研究

学生通过学习和教师讲解，在明确实训目的和实训内容的基础上，具体进行图表、标本等资料的观察和分析，将上述四方面资料联系起来，并大致遵循由区域地质→矿区地质→矿床地质→矿床成因这一程序进行。

(1) 由区域地质图、矿区（床）地质图结合文字介绍，分析了解成矿地质条件和背景；

(2) 由矿区（床）地质图、纵横剖面图或水平断面图，了解矿体产状、形态、内部结构、规模、蚀变特征与顶底板岩性；

(3) 标本观察，应首先了解每块标本在地质体中的大致位置（结合矿区平、剖面图），代表地质体之间空间上、成因上的联系，在此基础上了解矿石的矿物成分、共生关系、组构特征，一般可按地层——围岩——母岩——蚀变围岩——矿石这一顺序进行；

(4) 据上述之了解，综合分析其成矿条件、成矿作用过程与地质特点，并分析彼此间联系。

以上步骤，应注意适当穿插、反复联系、紧密结合。实训中应以自我观察、独立思考为主，也可适当结合小型讨论、交流。

3. 归纳、总结和答疑：在讨论基础上，由教师归纳小结和答疑。

五、实训作业或实训报告是学生对课堂实训内容某方面见解、认识的归纳小结，是对学生综合分析能力与写作能力的基本训练，教师应作精心安排，并引导学生高度重视、严肃对待、认真完成。

作业内容应视实训对象——具体矿床地质情况恰当选取，如可以小结该矿床某个或某几个成矿地质条件或归纳某方面或某几方面矿床地质特征，或分析成矿作用过程，也可填写实训报告表（格式见附录一），每次作业内容要求各有侧重，具有针对性，避免过多重复。

在实训结束后，教师还可适当布置一些与实训内容有关的思考题以让学生通过思考，加深理解。

实训一 矿石 矿体 矿床

一、实训目的

理解矿石、矿体和矿床的概念及三者的密切联系与研究意义；学会观察和描述矿石、矿体的基本方法。

二、实训内容

1. 观察矿石标本

由于矿石分类依据不同而有多种矿石类型名称，实习中应观察识别这些矿石标本：

按有用矿物工业性能不同而划分的金属矿石和非金属矿石；

按矿石中所含有用组分种类多少而划分的简单矿石与综合矿石；

按有用组分含量高低不同而划分的富矿石和贫矿石；

按矿石结构构造不同而划分的浸染状矿石、致密块状矿石、条带状矿石、角砾状矿石、网脉状矿石等。

2. 根据图示特征、理解有关矿体的几个重要概念

(1) 矿体与围岩的接触关系有突变和渐变两种。前者界线清楚，可直接观测其形态特征；后者界线不清楚或不甚清楚，必须根据取样品按工业指标圈定边界，然后才能确定其厚度和延伸规模，反映其形态特征。附图 1-1 即利用品位圈定的某层状、似层状磷矿体与含磷层有相似形态之一例。

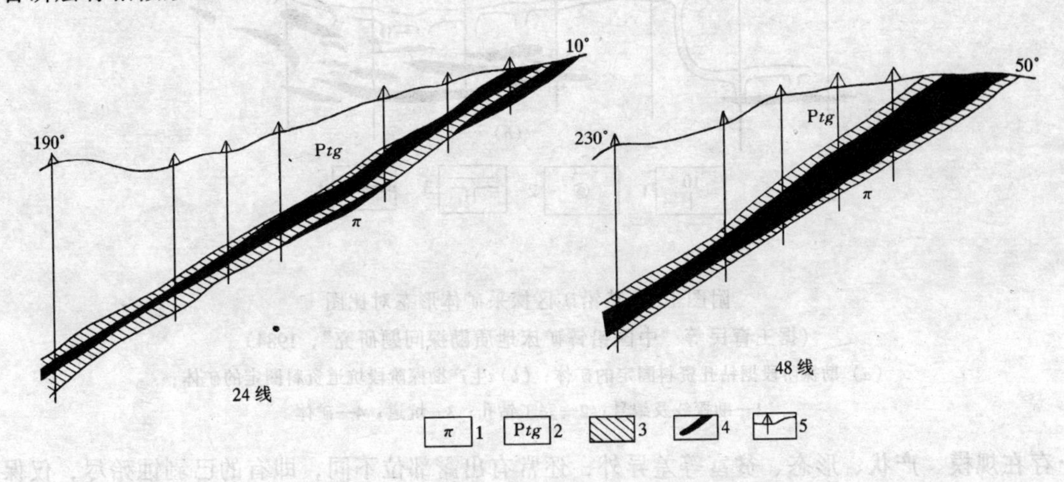

附图 1-1 据品位圈定的某磷矿体与含磷层关系

(据袁见齐等《矿床学》，1979)

1—变酸性火山岩；2—七角山组下段；3—含磷层；4—用品位圈定的磷矿体；5—钻孔

(2) 矿体产状形态的简单复杂程度主要取决于控矿条件及成矿作用过程等自然因素，有时人为因素也有重要影响。如附图 1-2 某热液矿床网状矿脉即受网状裂隙所控制。

人为因素主要表现为在矿体圈定连接中因采用夹石剔除及品位指标高低不同、工程控制程度不同、圈定依据不同等带来的人为影响。如附图 1-3 (*a*) 为某铁矿勘查阶段利用钻孔圈定的矿体形态（稳定、连续、呈似层状），附图 1-3 (*b*) 为生产探矿阶段利用坑道圈定的矿体形态（不连续，呈透镜状断续分布）。由于坑道控制更为可靠，故后者更接近实际。

(3) 反映矿体产状、形态、规模和相互空间关系的图件主要有矿体平面图[附图 1-4 (*a*)]、横剖面图 [附图 1-4 (*b*) 各剖面] 和纵剖面，它们联合反映矿床内各矿体空间分布与变化（附图 1-4）。这些图也可同时反映不同矿石类型的分布 [附图 1-4 (*c*)]。

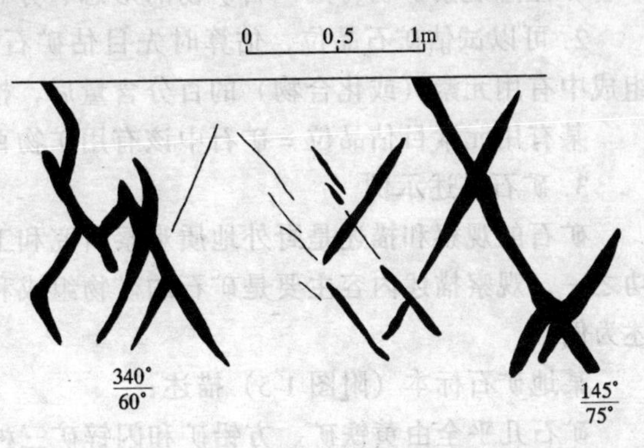

附图 1-2 产于“X”型裂隙中网状矿脉（黑体部分）

(4) 在同一矿床众多矿体之间，除常

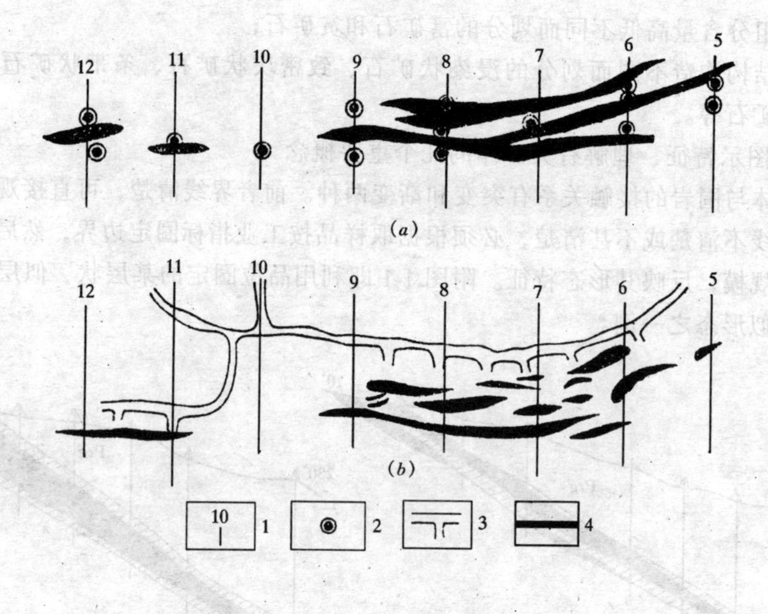

附图 1-3 某铅矿区探采矿体形态对比图

(据王育民等“中国铅锌矿床地质勘探问题研究”，1984)

(a) 勘探阶段据钻孔资料圈定的矿体；(b) 生产勘探阶段坑道资料圈定的矿体；

1—勘探线及编号；2—完工钻孔；3—坑道；4—矿体

存在规模、产状、形态、贫富等差异外，还常有出露部位不同，即有的已剥蚀殆尽，仅保留尾部；有的仅出露顶部，保留主体；有的全部隐伏地下，尚未出露。这就需要在勘查过程中通过综合对比研究，确定各矿体出露部位，并寻找无露头的隐伏矿体（盲矿体）。附图 1-4（b）中北西矿体与主矿体北段与南段剥蚀程度均不同，具有南东段较深（向南东侧伏）、北西段较浅的产状特点。

矿体实习中最好再观察一处热液矿床和一处沉积矿床立体模型，进一步理解矿体产状、立体形态及它们的埋藏情况等。

三、实训指导

1. 课前复习矿石、矿体及矿床的有关概念，观察矿石标本，应区分矿石矿物和脉石矿物，注意观察矿物特别矿石矿物的形态、分布和共生关系特点。

2. 可以试估矿石品位，估算时先目估矿石中矿石矿物的百分含量，查出此矿物化学组成中有用元素（或化合物）的百分含量后，按下式计算：

某有用元素目估品位 = 矿石中该有用矿物百分含量 × 该矿物中某有用元素百分含量。

3. 矿石描述示例

矿石的观察和描述是野外地质观察研究和工程编录的经常性工作，是必须掌握的基本功之一，观察描述内容主要是矿石的矿物组成和组构特征，这里以某地铅锌黄铁矿矿石描述为例。

某地矿石标本（附图 1-5）描述：

矿石几乎全由黄铁矿、方铅矿和闪锌矿三种金属矿物组成，其中黄铁矿呈密块状，含量约占 85%，浅铜黄色，有的略显黄褐色、锖色；方铅矿、闪锌矿两者约占有 12%，其中闪锌矿约占 8%，两者呈矿条群密集成带分布，于黄铁矿块体中，大致为等距平行排

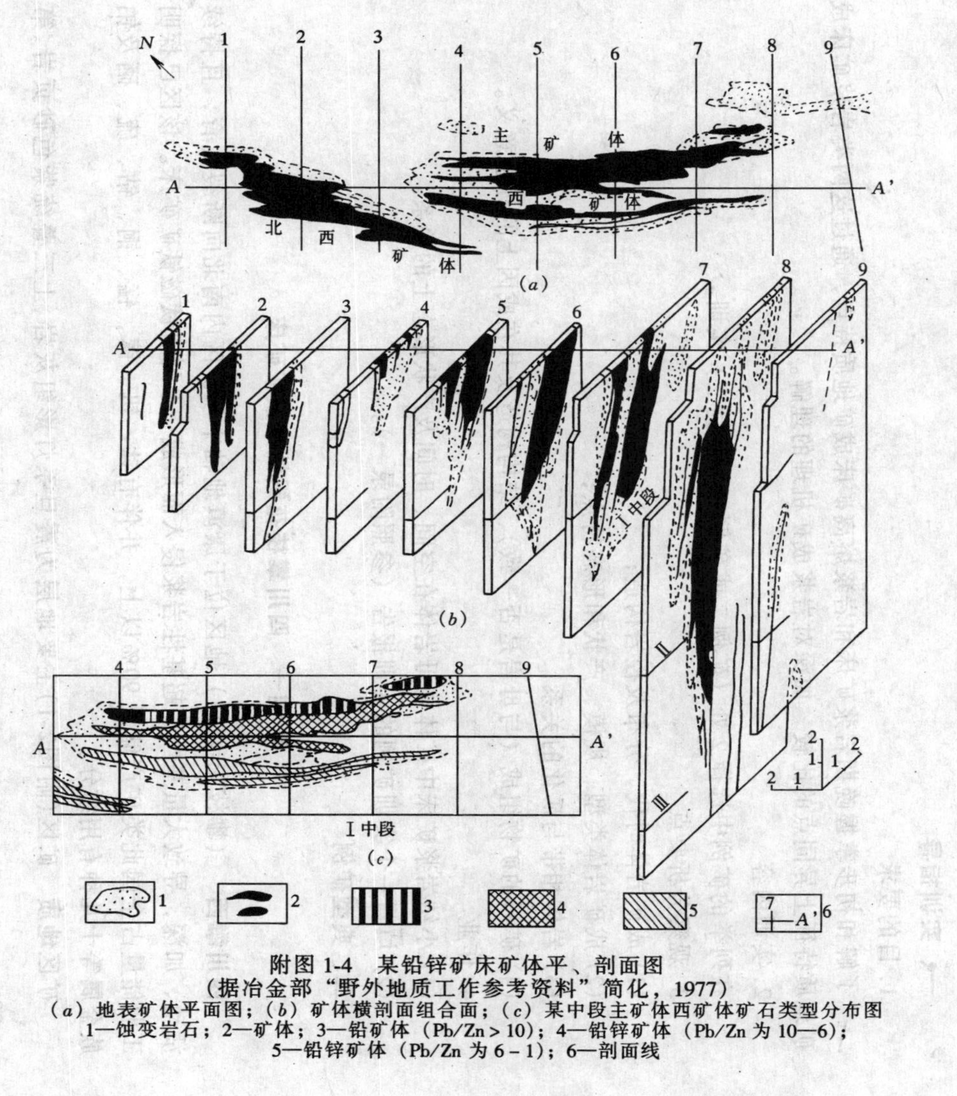

附图 1-4　某铅锌矿床矿体平、剖面图
（据冶金部“野外地质工作参考资料”简化，1977）
（a）地表矿体平面图；（b）矿体横剖面组合面；（c）某中段主矿体西矿体矿石类型分布图
1—蚀变岩石；2—矿体；3—铅矿体（Pb/Zn＞10）；4—铅锌矿体（Pb/Zn 为 10—6）；
5—铅锌矿体（Pb/Zn 为 6－1）；6—剖面线

附图 1-5　某地铅锌黄铁矿矿石标本素描图
（据王育民等“中国铅锌矿床勘探问题研究”，1984）
1—闪锌矿矿条（含方铅矿）；
2—铅锌黄铁矿块体

列；矿条群带宽 1.5～2cm，带距 2～3cm。此外，块状黄铁矿中尚有少量粒状闪锌矿、方铅矿作浸染分布；非金属矿物主要为细脉状乳白色石英，并切割黄铁矿块体。

4. 矿体描述示例 [附图 1-4 (*a*)、(*b*)]

该铅锌矿床由主矿体、西矿体及北西矿体组成，主矿体与西矿体作北西—南东向分布，向南西陡倾；北西矿体呈左型重叠侧幕状分布，总体走向北北西，向南南西陡倾。主矿体中部比较膨大规则，但沿走向两端和沿倾斜上、下均有急剧分支尖灭特点，总体呈不规则状。矿体分支尖灭部位，热液蚀变发育，具有明显后生性质。

由横剖面组合图显示，三个矿体均有愈向北西延深愈浅、愈向南东延深愈大，具有总体向南东侧状的产状特点，故北西段剥蚀殆尽，南东段保存良好。

三个矿体间隔较小，集中性较好，有利勘探和开采。

四、实训作业（任选一题）

1. 矿石。描述浸染状矿石、条带状矿石各一块（作素描图）。

2. 根据某矿区的矿体形态、产状及分带示意图（教师提供），描述矿体产状、形态特点。

实训二　岩　浆　矿　床

一、实训指导

1. 目的要求

了解和初步掌握晚期岩浆矿床和岩浆熔离矿床成矿地质特点，通过这两类岩浆矿床成矿地质特征上异同点的比较，加深对岩浆成矿机理的理解。

2. 实训内容

在列举的矿例中选择 2 处（矿例二或矿例一与矿例三）实训。

3. 观察分析要点

(1) 成矿岩体时代、分布及控岩构造；

(2) 成矿岩体类型、规模、产状和形态特点；

(3) 岩体相带与矿化的关系；

(4) 矿石的矿物组成（与母岩是否一致）、结构构造及其在成因上的标志意义。

4. 作业

(1) 小结岩浆矿床中矿体与母岩体在空间、时间及产状形态上的关系。

(2) 填写一个实训矿例的实训报告（参照附录一）。

二、典型矿例

矿例一　四川攀枝花钒钛磁铁矿矿床

四川攀西　（攀枝花-西昌）地区位于康滇地轴中段。区内南北向断裂发育，且持续活动、加深，导致大量基性、超基性岩浆侵入而形成一系列钒钛磁铁矿矿床。该区已探明工业储量占全国此类矿产储量 90% 以上，并伴有钛、钒、镓、锰、铜、钴、硫、硒及铂族金属等十几种有用组分。

矿区地质　矿区（附图2-1）主要地层为震旦系灯影组灰岩、上三叠统紫色砂页岩、第

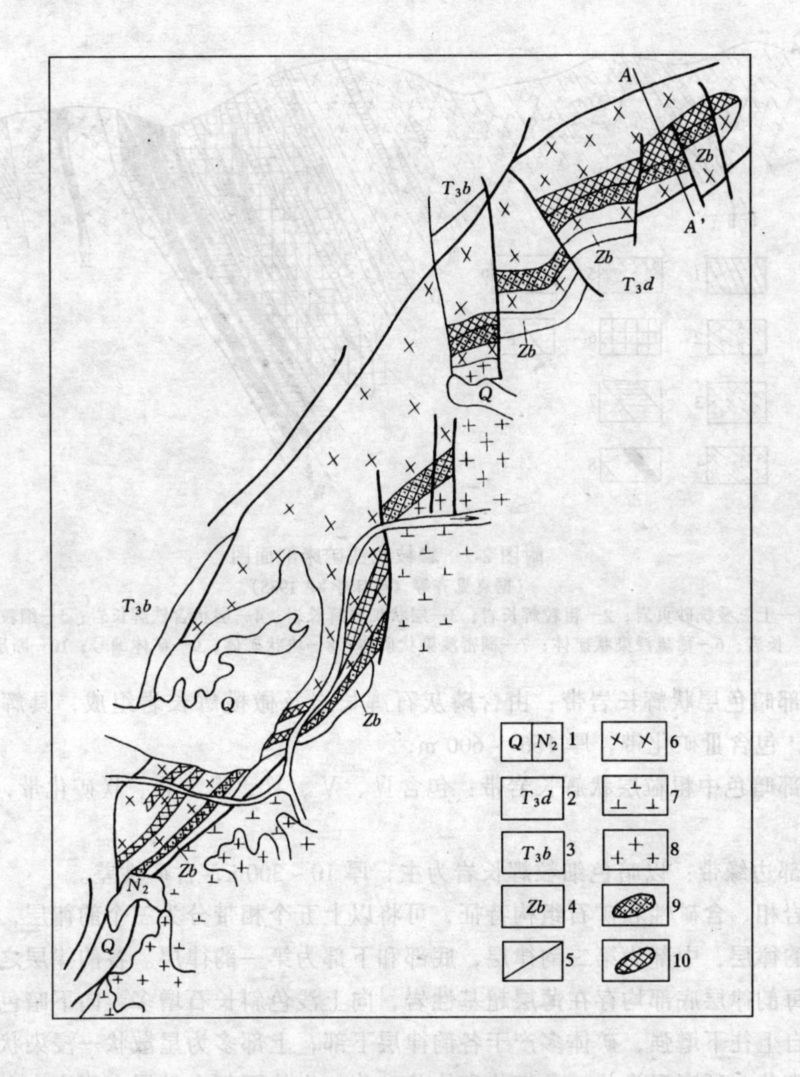

附图 2-1　攀枝花铁矿床地质略图

（据胡受奚等《矿床学》上册，1982）

1—第四系、第三系上新统；2—三叠系大介地组；3—三叠系丙南组；4—震旦系灯影组；5—断层；6—层状辉长岩；7—闪长岩；8—花岗岩；9—稠密浸染状矿体；10—稀疏浸染状矿体

三系。区内有多种岩浆岩，与矿化有关者为辉长岩，其同位素年龄值为 334 ~ 356Ma，属海西早期产物。该岩体规模较大，呈北东向展布，长约 19km，宽 1 ~ 3km；倾向北西，倾角 40° ~ 70°，呈层状侵入于震旦系灯影组硅化大理岩中。该岩体分异良好，具明显的韵律层理。根据矿物成分，结构构造和含矿特征，自上至下可划分为五个岩相带和九个矿化带(附图 2-2)：

1. 顶部层状辉长岩带：由浅色辉长岩夹暗色辉长岩条带和稀疏浸染状矿体组成，含矿性差，厚 500 ~ 1500m；

2. 上部浅色层状辉长岩带：以含铁辉长岩为主，断续出现橄榄岩，包括由层状辉长岩型系砂砾稀疏浸染状矿条组成的Ⅰ、Ⅱ矿化带，厚 10 ~ 120m；

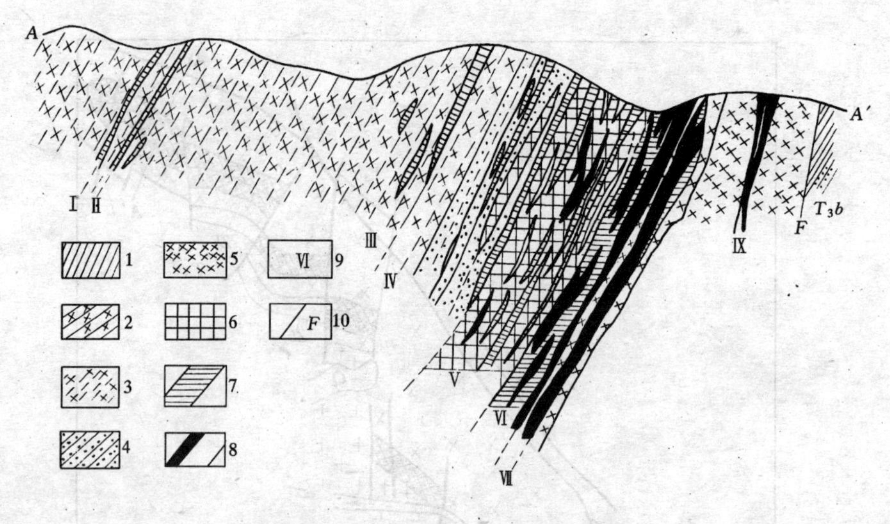

附图 2-2　攀枝花铁矿床剖面图

（据袁见齐等《矿床学》，1985）

1—上三叠统砂页岩；2—粗粒辉长岩；3—层状细粒辉长岩；4—层状含铁辉长岩；5—细粒辉长岩；6—稀疏浸染状矿体；7—稠密浸染状矿体；8—块状矿体；9—矿体编号；10—断层

3. 中部暗色层状辉长岩带：由含磷灰石辉长岩及橄榄辉长岩组成，具辉长结构和韵律层构造，包含Ⅲ矿化带，厚 166 ~600 m；

4. 下部暗色中粗粒层状辉长岩带：包含Ⅳ、Ⅴ、Ⅵ、Ⅶ、Ⅷ、Ⅸ矿化带，厚 60 ~520 m；

5. 底部边缘带：以暗色细粒辉长岩为主，厚 10~300m，含矿性差。

根据岩相、含矿性和矿石组构特征，可将以上五个相带分为三个韵律层，即顶部和上部为第三韵律层，中部为第二韵律层，底部和下部为第一韵律层。各韵律层之间具规律性变化，即每韵律层底部均存在薄层超基性岩，向上浅色斜长石增多，向下暗色铁镁矿物增多；矿化自上往下增强，矿体多产于各韵律层下部，上部多为星散状—浸染状矿化，向下为稀疏浸染状—稠密浸染状—条带状和块状矿化；岩体下部含矿层多而富，上部少而贫。

矿床地质　本矿区工业矿化均发育于含矿岩体中，岩体和矿化带是不可分割的整体。由矿化带圈定的矿体一般呈层状、似层状和透镜状，厚数十至数百米。其规模、贫富均有差异，上部矿化带中矿体贫而薄，往下变富增厚。矿体产状与层状岩体一致，为相互过渡关系。

矿石中主要金属氧化物为钛磁铁矿、钛铁矿、钛铁尖晶石、镁铝尖晶石；次为磁铁矿、赤铁矿。硫化物、砷化物有磁黄铁矿、镍黄铁矿、辉钴矿、砷铂矿。钒以类质同象含于钛磁铁矿中，含量 0.4%~0.7%；钛主要赋存于钛磁铁矿和钛铁矿中。脉石矿物主要为辉石、基性斜长石、橄榄石、磷灰石、蛇纹石、绿泥石等。

矿石全铁品位 25%~47.5%，富矿品位 47.44%，中矿 39.48%，贫矿 25%。由上往下，常有表外矿—贫矿—中矿—富矿的变化。综合利用元素有 Ti、V、Cr、Co、Ni、Cu、Pt 族、Se、Te 及 S。

矿石构造以浸染状、条带状、块状为主，另有斑杂状、云雾状。矿石结构有海绵陨铁、填隙、嵌晶及反应边结构。

矿床成因 攀枝花岩体富含铁、钛，偏碱性，是良好成矿母岩。当其沿断裂缓慢上侵就位后，继续进行结晶分异，因而产生不同岩相带和韵律层，矿质相应因重力聚集而成矿。

根据测温资料，辉长岩和钛磁铁矿结晶温度分别为 > 600℃、460 ~ 420℃。显然，有用矿物晚于硅酸盐矿物晶出，因而形成填隙、海绵陨铁等结构，且与围岩过渡接触等均说明为晚期岩浆分凝矿床。

矿例二 河北大庙钒钛磁铁矿矿床

区域地质 矿区位于内蒙地轴东端，即宣化—承德—北票东西向深断裂所控制的基性超基性岩带内。该岩带长数百千米（附图 2-3）。其中基性岩即辉长岩和斜长岩是此类矿床成矿母岩和围岩。

区内广泛分布太古界变质岩系，主要有角闪斜长片麻岩、角闪片床岩、黑云母斜长片麻岩和混合花岗岩等。其上覆有侏罗纪—白垩纪流纹岩、安山质和玄武质火山岩、砂砾岩、页岩等。

岩体地质 含矿岩体主要为斜长岩和辉长岩，侵入前寒武纪地层中，东西长 40km，南北宽 2 ~ 10km。斜长岩为灰白色粗—中粒结构，以奥长石、中长石为主（含量 > 80%）。按矿物成分，辉长岩又可分为辉长岩、紫苏辉长岩、辉长—苏长伟晶岩等，其中以辉长岩为主体。

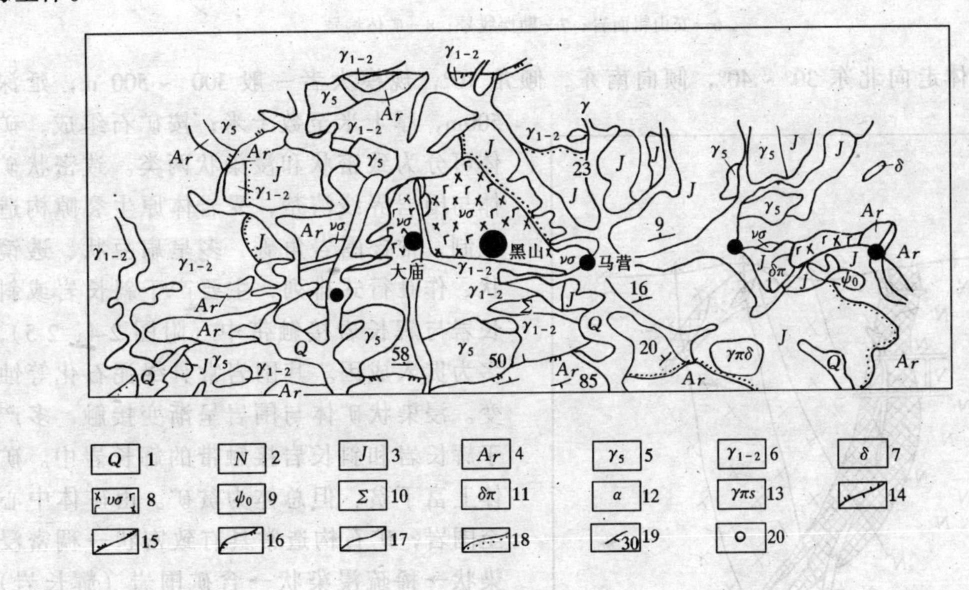

附图 2-3 河北大庙区域地质略图

（据长春地质学院矿床教研室“矿床实习讲义”，1980）

1—第四系；2—上第三系；3—侏罗系；4—太古界变质岩；5—中生代花岗岩；6—前寒武纪花岗岩；7—闪长岩；8—辉长岩、斜长岩；9—角闪岩；10—超基性岩；11—闪长玢岩；12—安山岩；13—中生代花岗斑岩；14—逆断层；15—逆掩断层；16—正断层；17—地质界线；18—不整合界线；19—地层产状；20—铁矿床（点）

在生成时间上，斜长岩侵入最早（604.4 Ma），次为辉长岩，独立的基性伟晶岩最晚（局部又被贯入式矿体穿切）。由早至晚，岩浆演化特点是 SiO_2 减少，而 MgO、Fe_2O_3、FeO

和 P_2O_5 增加。

矿床地质 区内基性岩浆岩—斜长岩和辉长岩是成矿母岩，控制了矿化的分布。共有大小矿体 40 余个，可分南、中、北三个矿带（附图 2-4），以中、北两带较好。地表矿体均单独存在，但深部往往几个相连为一体。

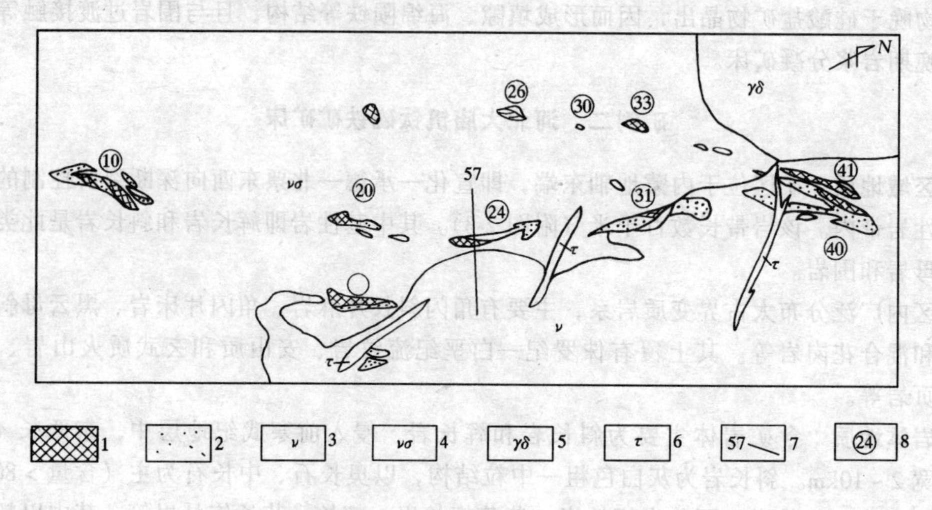

附图 2-4 河北大庙矿体分布图

1—致密型矿体；2—浸染型矿体；3—辉长岩；4—斜长岩；5—花岗闪长岩；6—安山粗面岩；7—勘探线号；8—矿体编号

矿体走向北东 30°～40°，倾向南东，倾角 70°，规模大者一般 300 ～500 m，延深 500m，厚十米至数十米；按矿石组成，矿体可分为致密状和浸染状两类。致密状矿体与围岩界线清楚，受岩体原生裂隙构造控制，常含围岩角砾，多呈扁豆状、透镜状、作雁行式排列，主要产于斜长岩或斜长岩与辉长岩接触带中（附图 2-4、2-5），多为贯入成因。其围岩常具绿泥石化等蚀变。浸染状矿体与围岩呈渐变接触，多产于辉长岩和斜长岩接触带的辉长岩中。矿体上富下贫，但总体为贫矿。由矿体中心至围岩，矿石构造常具有致密状→稠密浸染状→稀疏浸染状→含矿围岩（辉长岩）之变化。

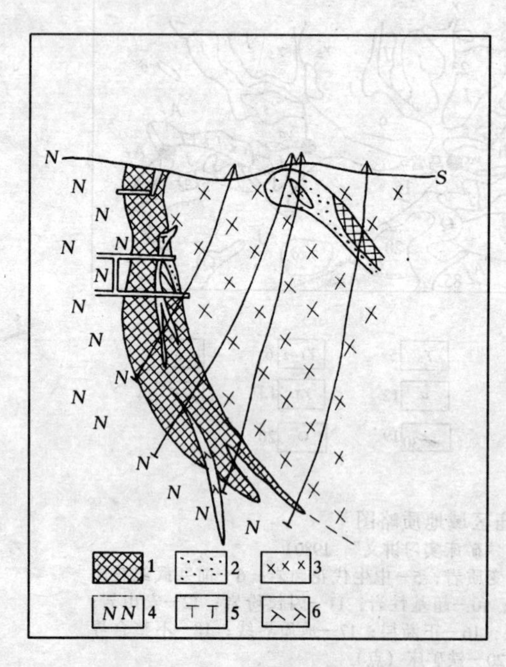

附图 2-5 河北大庙 57 号剖面图

1—致密状矿体；2—浸染状矿体；3—辉长岩；4—斜长岩；5—正长斑岩脉；6—玢岩脉

矿石具海绵陨铁结构和固溶体分解结构。

矿石中主要金属矿物为钛磁铁矿、钛铁矿，次为磁黄铁矿、黄铁矿、黄铜矿等；脉石矿物为斜长石、辉石、绿泥石、磷灰石等。有用矿物主要为钛磁铁矿、钛铁矿、磷灰石。钒多以类质同象存在于钛磁铁矿中，其含量0.055%~0.17%，与铁含量成正比；钛主要产于钛磁铁矿中；次为金红石、钛铁晶石；磷主要呈磷灰石产于浸染状矿石中，其含量0.59%~0.93%（致密块状矿石磷含量仅为0.07%~0.031%）。

矿床成因 矿床为基性岩中晚期岩浆矿床，含矿岩体不仅为其提供成矿物质，而且其原生和次生构造控制着矿化分布。岩浆的不断分异和多次侵入，也导致矿质的反复聚集成矿。

岩浆上侵过程中伴随着分异作用，首先分异出相对富含硅、铝和相对富含铁、镁的两部分熔浆，在构造活动条件下，上部富含硅铝质熔浆先期侵入形成斜长岩和矿染斜长岩，随后富含铁镁的熔浆沿已凝固的斜长岩裂隙侵入形成辉长岩，并伴随矿质的富集作用。其后产生钛磁铁矿苏长岩及基性伟晶岩脉。最后，底部矿浆沿构造脆弱带多次贯入形成致密状矿体。

矿例三 吉林红旗岭铜镍矿床

红旗岭矿区位于吉林省中部磐石县境内，构造上地处吉林褶皱带东南边缘转折处，即辉发河主干断裂北西侧，受该断裂北西向次级断裂控制。

矿区地质 矿区地层主要为泥盆系呼兰群中—深变质岩系，主要由斜长角闪岩、黑云

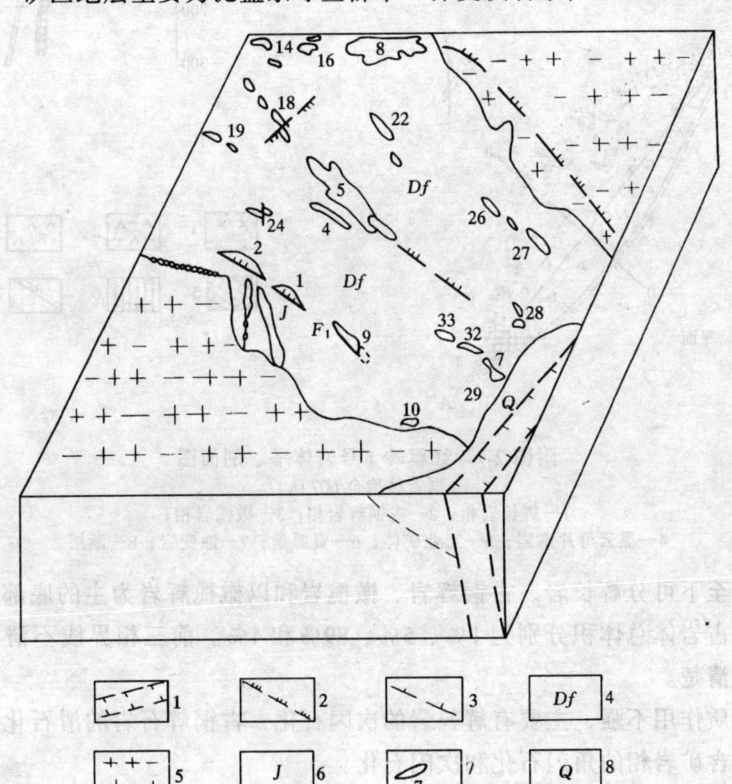

附图 2-6 红旗岭岩体分布略图

（据冶金工业部地质干部学习班教材“矿床学”，1980）

1—辉发河大断裂；2—压性断层；3—张性断层；4—呼兰群中-深变质岩；
5—黑云母花岗岩；6—侏罗系；7—超基性岩体及编号；8—第四系

母片麻岩等组成。另有石炭系砂页岩、结晶灰岩、二叠系和侏罗一白垩系砂页岩。

区内有北西向基性、超基性岩体三十余个，其中以1号、7号岩体工业意义最大（附图2-6）。

岩体侵入是多期次的，同位素年龄值有331～230Ma和190～230Ma，属于海西早期和海西晚期产物。

矿床地质 （以1号岩体为例）该岩体侵入于黑云母片麻岩（局部有角闪片麻岩）中，与围岩不整合接触，其走向为北40°西；长980 m，宽150 ～280 m，最大延深560 m；平面呈纺锤形，纵剖面呈似盆状，横剖面呈不对称漏斗状（附图2-7）。

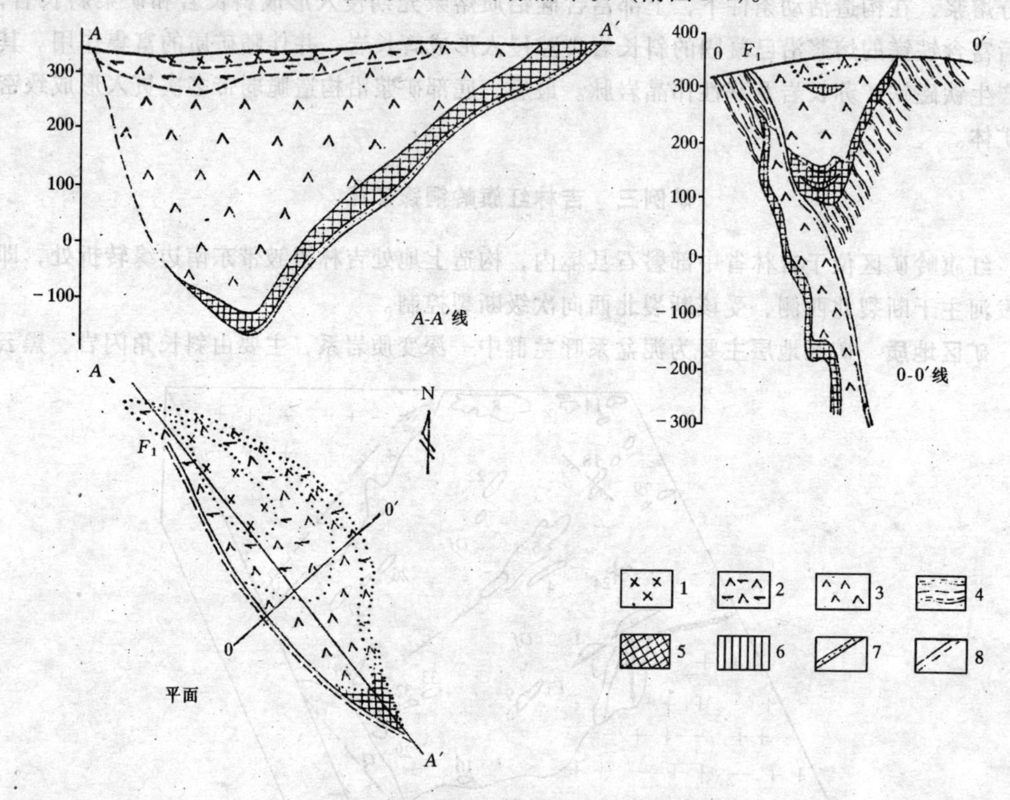

附图2-7　红旗岭1号岩体平、剖面图
（据吉林冶金607队）
1—辉长岩相；2—古铜辉岩相；3—橄榄岩相；
4—黑云母片麻岩；5—工业矿体；6—资源量；7—蚀变岩；8—断层

岩体自上至下可分辉长岩、古铜辉岩、橄榄岩和以橄榄辉岩为主的底部含矿岩相等四个相带。各带占岩体总体积分别为1%、5%、89%和4%。前三相界线不清，而底部相与橄榄岩相界线清楚。

岩体自变质作用不强，主要有辉长岩的次闪石化、古铜辉石岩的滑石化、橄榄岩的蛇纹石化、底部含矿岩相的角闪石化和次闪石化。

岩体内部有四种不同类型矿体（或矿化）：

1. 底部似层状矿体　产于底部橄榄辉岩相中。其形状、产状与岩体基本一致，在剖面上由两翼向中心倾斜，呈似层状。由海绵陨铁状矿石、斑点状矿石和少量浸染状矿石组成。一般前者发育于矿体底部和中部，后两者都发育于边部、上部。金属矿物主要为磁黄铁矿（约60%）、镍黄铁矿（约30%）、黄铜矿（约5%）；另有少量磁铁矿、黄铁矿和钛铁矿；非金属矿物主要为橄榄石、辉石。矿石 Ni/ Cu 比值为5左右。

2. 上悬透镜状矿体　主要分布于橄榄岩相中上部。形态不规则，呈透镜状或薄层状；由细粒浸染状矿石组成，矿物组成与底部矿体基本一致。Ni/ Cu 比值约4.6。

3. 脉状矿体（矿化）　即为含矿辉石岩脉。其金属硫化物S含量2%~6%；呈浸染状、斑点状分布，仅局部具工业意义。Ni/ Cu 比值近于5；

4. 纯硫化物脉　指底部似层状矿体内原生节理中的脉状、扁豆状矿化。一般宽数厘米至数十厘米，断续出现，致密块状，几乎全由磁黄铁矿、镍黄铁矿、黄铜矿等组成。矿脉两侧具围岩蚀变，Ni/ Cu 比值最高达20%。

矿床成因　1号岩体岩相变化及底部似层状矿体产出特征，反映了含矿岩浆的复杂演化和成矿过程。由于岩浆侵入前和侵入过程中的分异作用，形成了富铁镁的橄榄岩相和上部的辉长岩相、古铜辉岩相。底部橄榄岩相及似层状矿体的形成，主要是在深部熔离中硫化物相对集中、侵位后通过进一步熔离分异富集成矿。纯硫化物脉也是经深部熔离富集并最后贯入而成。

橄榄岩相中上悬矿体，应属硫化物浅部不完全熔离产物。

似层状矿体富集于底部凹陷部位、岩体由陡变缓部位，硫化物脉产于节理裂隙中及岩体群均呈北西向并紧靠辉发河断裂分布，均反映了构造对成矿的控制。

实训三　伟晶岩矿床

一、实训指导

1. 目的要求

了解和初步掌握伟晶岩矿床形成的地质条件、分布规律及矿床地质特征。

2. 实训内容

以列举的天皮山为例，或选择学校所在区域的典型矿床一处。实训标本应具备围岩、各种结构带伟晶岩及主要矿石矿物等岩石、矿石标本。

3. 观察分析要点

(1) 伟晶岩区地层时代、所处大地构造位置及其对伟晶岩产出的意义；

(2) 伟晶岩基本类型、各种伟晶岩主要特点、含矿性差别及工业意义；

(3) 含矿伟晶岩体形态、产状、内部构造、交代蚀变及矿化特征；

(4) 注意天皮山两种成因白云母（原生结晶与交代成因）质量情况、分布特点（特别是巨型晶白云母）与工业意义。

4. 作业

(1) 小结本类矿床地质特征及找矿地质条件。

(2) 填写实训矿例的实训报告。

二、典型矿例

矿例四　内蒙天皮山白云母矿床

内蒙天皮山是我国北方开采最早、规模最大，也是典型的白云母伟晶岩矿床，当地称此种大片云母为“天皮”，故得此地名。

矿区地质　矿区位于内蒙地轴南东缘，主要地层为太古界桑干群夕线石—石榴石片麻岩、黑云母片麻岩等。矿区构造为北西—南东向复式褶皱，片麻岩中北西向裂隙发育，控制伟晶岩脉的分布。

区内岩浆活动较频繁，有花岗岩、苏长岩、辉绿岩及细晶岩脉等。伟晶岩除少数呈局部膨胀的复杂脉体外，大多数呈两壁平行的规则脉体。脉长 50 ~ 300 m，个别 500 ~ 600 m，脉宽为 1 ~3 m 至 4 ~ 5 m，倾向北东，倾角 30° ~ 40°，与围岩接触界线明显。

根据结构构造特点，可将伟晶岩脉分为两类：

(1) 带状构造不发育的伟晶岩脉

此种伟晶岩脉体窄长，矿物成分和结构简单，一般边部呈细粒结构，中部为粗粒结构(个别具巨晶结构)，但界线不清，变化无规律；含少量磁铁矿、磷灰石、黑电气石等，白云母极少。此类伟晶岩脉分异不明显，交代微弱，虽然占绝大多数，但一般无工业价值。

(2) 带状构造发育的伟晶岩脉

此种伟晶岩脉由几种结构带组成，各结构带虽不甚连续，但总体呈现带状构造，并具交代蚀变，有工业意义的白云母即产于其中。如天皮山 1、2 号脉即属，其数量远少于前一类型。

矿床地质　以带状构造明显，具白云母工业矿化的①、②号脉为例简介于后（附图 3-1）：

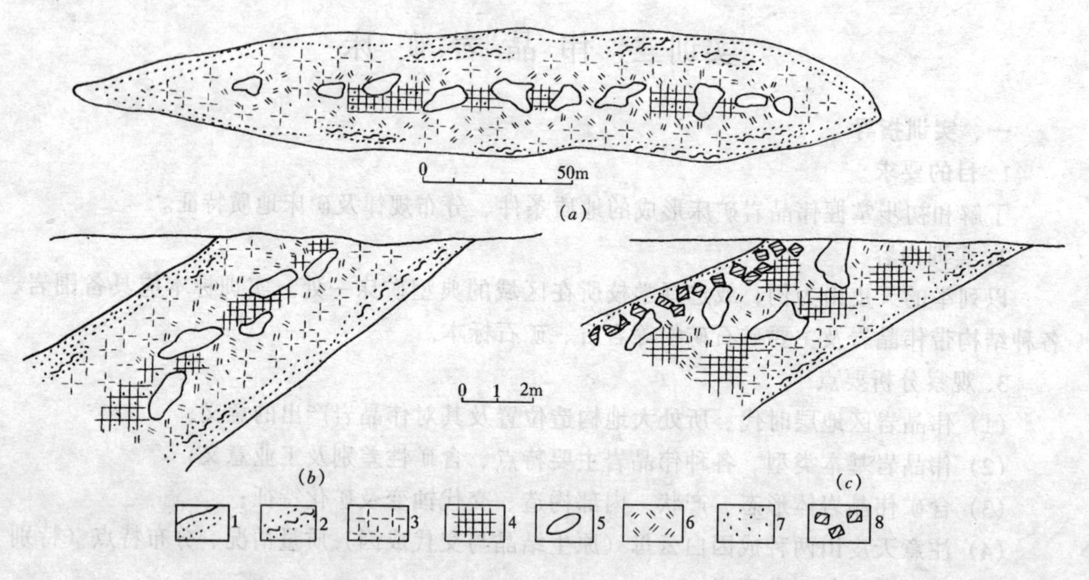

附图 3-1　天皮山①、②号伟晶岩脉内部结构图
(据长春地质学院矿床教研室“矿床学实习讲义”，1980)
(a) ②号脉平面图；(b) ②号脉剖面图；(c) ①号脉剖面图
1—细晶、细粒结构；2—文象结构；3—似文象结构；4—巨晶块状微斜长石；
5—块状石英；6—石英、白云母交代带；7—钠长石化；8—巨晶白云母

(1) 脉体特征　此种脉体中部膨胀，两端收缩呈似板状；长 100 ~400 m，宽 2 ~ 5 m；一般与围岩界线清楚。

(2) 带状构造　自边部至中心，水平方向可见以下六个带：

1）细晶带　多出现于脉体中段，两端不存在，宽度小；

2）细粒带　多见于脉体两端或细晶带内侧，宽10～20cm；

3）文象带　断续存在于细粒带内侧，有时可见钠长石化，但无白云母矿化，厚20～30cm；

4）似文象带　较发育，厚30～100cm；

5）巨晶带　位于脉体中心或其上部，较发育，沿走向断续出现，但沿倾向稳定，由巨大的长石、石英块体组成，小者20～30cm，大者长1 m，并产大片白云母、具重要工业意义。

6）石英—白云母交代带　位于巨晶带或巨晶带与似文象带接触部位，由石英、白云母交代块状长石而成。产有部分工业白云母，但片度小，较次要。

（3）白云母产出特征：白云母多产于伟晶岩巨晶带与交代带内，其中①号脉者聚集于顶盘，构成稳定巨晶白云母带（附图3-1（*c*））；带宽0.3～0.5 m，沿走向、倾向均延伸百米以上；富矿段白云母含量可达400kg/m^3。白云母具密集连晶结构，板状晶体片度100～200cm^2，最大可为1m^2。②号脉内白云母聚集于中部，较均匀地分布于石英块体两侧，厚0.5～2 m，白云母含量50kg/m^3。产于巨晶带者片度大，质量好，而产于交代带中者，片度仅数平方厘米，部分具工业价值。

此外，还有一种沿裂隙发育的白云母矿化，多产于巨晶带两侧，一般有石英共生，并具钠长石化，云母片度较小，透明度较差，但储量多，有开采价值。

矿床成因　本矿床为残余岩浆贯入片麻岩裂隙中通过结晶分异和交代作用形成。由于残余岩浆富含挥发分，在体积较大、封闭性较好、构造环境较稳定等条件下，分异充分，结晶缓慢而形成了粗大完好的原生结构带。伟晶岩体基本形成后，深部上升富含挥发分的气液，沿裂隙交代长石块体产生钠长石化和石英—白云母化，再次形成白云母工业富集。

实训四　围 岩 蚀 变

一、实训目的

1. 正确理解围岩蚀变的概念，了解9种左右常见围岩蚀变、形成条件与有关矿化。

2. 初步掌握9种左右常见蚀变岩石特征，并初步学会对它们进行肉眼鉴定和描述的方法。

二、实训内容

主要用肉眼观察以下9种蚀变围岩标本并与原岩比较，了解原岩变化及蚀变岩石矿物成分、组构特征：

1. 矽卡岩化

标本：某区石榴石矽卡岩、透辉石矽卡岩及原岩标本。

2. 云英岩化

标本：某区正常云英岩、富云母云英岩、富石英云英岩及原岩标本。

3. 钾长石化

标本：某区钾长石化岩石及原岩标本。

4. 绢云母化

标本：某区绢云母化岩石及原岩标本。

5. 绿泥石化

标本：某区绿泥石化岩石及原岩标本。

6. 硅化、石英化

标本：某区硅化岩石、石英化岩石及原岩标本。

7. 黄铁矿化、黄铁绢英岩化

标本：某区黄铁矿化、黄铁绢英岩化岩石及原岩标本。

8. 青盘岩化

标本：某区青盘岩化岩石及原岩标本

9. 碳酸盐化

标本：某区碳酸盐化及原岩标本。

挂图：有关地质图及有关围岩蚀变挂图。

三、观察分析要点

1. 观察标本时，应尽可能了解其所在地质位置及其他有关蚀变与矿化情况。

2. 分析蚀变岩石形成条件，包括原岩与温度条件及其与矿化的关系。

3. 总结各类蚀变岩石主要特征及研究意义。

四、描述示例

以某地云英岩标本描述为例，供参考。

某地手标本（附图 4-1）：为石英脉侧云英岩化岩石。标本中部有宽约 5mm 的石英细脉，脉内见有三颗约 1mm 大小锡石晶体。云英岩可分为富云母云英岩和正常云英岩，于石英脉两侧作平行对称带状分布，即前者紧靠石英脉，宽约 2cm，由细鳞片状白云母（占 65%左右）和糖粒状石英（占 30%～35%）组成，其内侧见有针状电气石。岩石为鳞片状变晶结构，灰绿色，由内往外逐渐过渡为正常云英岩。与前者比较，此种云英岩矿物成分、结构、颜色均有变化，白云母含量减至 35%～25%，石英增多至 65%～70%；具鳞片粒状变晶结构，块状构造，浅灰色。显然此为高温热液蚀变岩，与锡石石英脉有成因联系，其原岩为花岗岩类岩石。

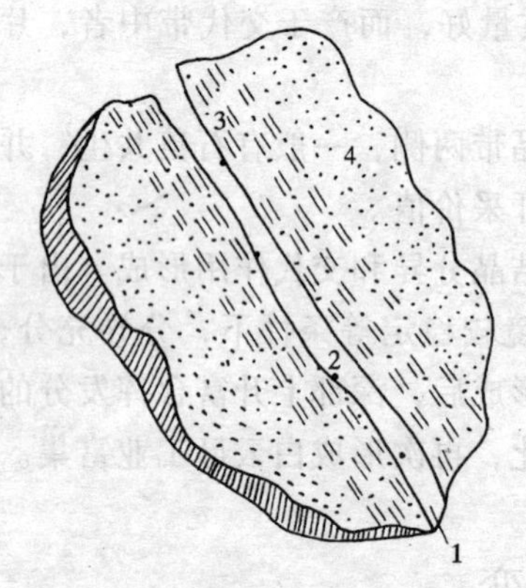

附图 4-1　某地围岩蚀变标本素描图（$\times\frac{1}{2}$）

1—含锡石英脉；2—锡石晶粒；3—富云母云英岩；4—正常云英岩

五、作业

描述一至二种蚀变岩石。

实训五　矽卡岩矿床

一、实训指导

1. 目的要求

初步掌握本类矿床形成条件，了解矿床成矿阶段、矿床地质特点。

2. 实训内容

以列举的矿例或选择学校所在区域的一处典型矿床实训，实训标本应包括成矿母岩、矿化围岩、矽卡岩（包括分带）及各类矿石标本。

实训中，应比较系统、全面而有重点的阅读、观察和分析有关文字资料、图表、标本，要注意各块标本在图上的大致位置及其相互关系。

3. 观察分析要点

(1) 成矿岩体形状、产状、岩类与岩性、侵入时代、侵入构造部位及赋矿地层、岩性、赋矿构造特征；

(2) 矽卡岩体与矿体的产状、形态、规模、产出部位及两者空间关系，矿化分带现象；

(3) 根据矽卡岩的交代蚀变、矽卡岩与矿体空间关系、矿石结构构造等分析矿床形成阶段。

4. 作业

填写实训报告表。

二、典型矿例

矿例五　安徽铜官山铜矿床

矿区位于江南古陆北部凹陷带内。区域地层以上古生界及中生界为主，其中石炭系上统、二叠系下统及三叠系多为滨海及浅海相碳酸盐岩，并有广泛分布。

区域内褶皱、断裂均较发育，并有东西向超壳深断裂隐伏，这些断裂相互交切，活动频繁，燕山期中酸性岩浆岩多沿此部位侵入，形成一系列铁、铜矿床。

矿区地质　矿区为一不完整的单斜构造，即铜官山背斜西北翼。地层为石炭纪至三叠纪的石灰岩、白云质灰岩、硅质岩及砂质页岩等，其中石炭系黄龙—船山组灰岩为主要矿化围岩。

铜官山背斜轴面呈 S 形扭曲，处于区域构造上脆弱部位，断裂发育。石英闪长岩体受该背斜翼部层间剥离和断裂所控制。该岩体出露面积约 $1.5km^2$，为北东—南西走向，向北西倾伏的不规则椭球形体。主要矿物成分为中性长石、普通角闪石、钾长石、石英；副矿物有磁铁矿、榍石、磷灰石等；灰色中粒结构，部分具斑状结构。其中 SiO_2 含量为 61.2%，$K_2O + Na_2O$ 为 7.34%，含 Cu 为 120×10^{-6}、Pb 为 10×10^{-6}、Zn 为 80×10^{-6}、Cu/Ni = 1，Ti/v = 2.32，测得同位素年龄 148 ~ 150Ma。

矿床地质　石英闪长岩体内外接触带：普遍产生接触交代变质，并具明显分带性。自内至外为石英闪长岩—蚀变石英闪长岩—矽卡岩化石英闪长岩—石榴子石矽卡岩—透辉石矽卡岩—含硅灰石大理岩—含透闪石大理岩—石灰岩。其中以石榴子石矽卡岩带最为发育，并围绕岩体断续分布。

矿体主要发育于外接触带中。矿体产状、形态随接触带构造和围岩性质不同而异，而接触带构造又取决于岩体局部形态、接触性质与断裂情况。故矿体产状、形态一般比较复杂。产于岩体与灰岩中断层相接触的矽卡岩中者，呈透镜状、扁豆状，倾角陡直，产状与断层一致；产于超覆、整合接触面或灰岩层间破碎带中者，多呈似层状，产状与接触面或灰岩产状一致；产于直立斜交接触带者多呈脉状与围岩层面斜交，产状陡直（附图 5-1）。

矿体规模大者长 800 m 以上，延深可达 700 m，厚度 40 余 m；小者长、深仅数十米。

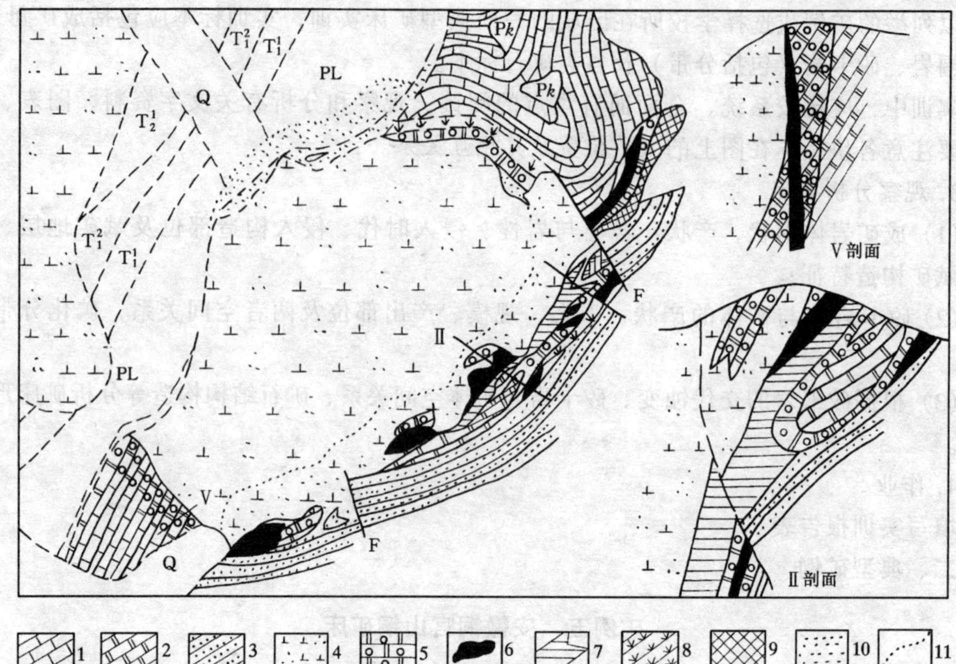

附图 5-1　铜官山矿区地质简图

（据中南矿冶学院矿床教研室“成岩成矿原理”，1977）

1—栖霞灰岩；2—大理岩；3—石英岩；4—石英闪长岩；5—石榴石矽卡岩；6—含铜磁铁矿矿体；7—黄铜矿矿体；8—蛇纹岩；9—铁帽；10—接触反应带；11—地质界线。Q—第四系；T_2^1，T_1^2，T_1^1—三叠系青龙灰岩；PL—二叠系龙潭煤系。Pk—二叠系孤峰组

矿石中金属矿物以黄铜矿、黄铁矿、磁铁矿和磁黄铁矿为主，另有赤铁矿、辉钼矿、斑铜矿、毒砂；氧化带有褐铁矿、辉铜矿、孔雀石。脉石矿物主要为矽卡岩矿物，如石榴子石、透辉石、钙铁辉石、绿帘石、阳起石、硅灰石、方柱石等。根据矿物组成，矿石类型有矽卡岩型铜矿石、黄铁矿型铜矿石、含铜磁铁矿矿石、含铜磁黄铁矿矿石。有用组分除铜外，尚可综合回收铁、硫、钴、钼、银、金等，碲、硒、镓、铋可部分回收。

矿石构造主要为浸染状、块状、脉状、细脉浸染状。

矿床成因　产于接触带及其附近的矿体，为接触交代成矿产物，铅同位素显示深源特征，成矿物质主要来源于石英闪长岩体，为矽卡岩型矿床。即当岩体沿断裂上侵就位后，与周围碳酸盐质及硅铝质沉积岩接触，产生热接触变质作用，形成大理岩、角岩带。随后的气液交代作用形成透辉石、石榴子石等矽卡岩矿物组合与浸染状、块状磁铁矿化。后期含矿热液的继续交代，在早期矽卡岩带产生绿泥石化、透闪石化、绿帘石化等蚀变，并伴随大量铁、铜硫化物矿物晶出而形成矿床。

矿例六　辽宁杨家杖子钼矿床

矿区地质　矿床位于华北地台燕山沉降带北东部。矿区及其外围出露地层主要为震旦系大理岩、白云质大理岩、寒武—奥陶系灰岩、白云岩、大理岩及石炭系、二叠系碎屑岩。矿区褶皱构造为笔架山向斜北翼，或为红螺山背斜倾没端部，断裂发育（附图 5-2）。矿区内岩浆岩为螺山红色花岗杂岩体和再度侵入的舌状细粒似斑状花岗岩体。后者为本矿

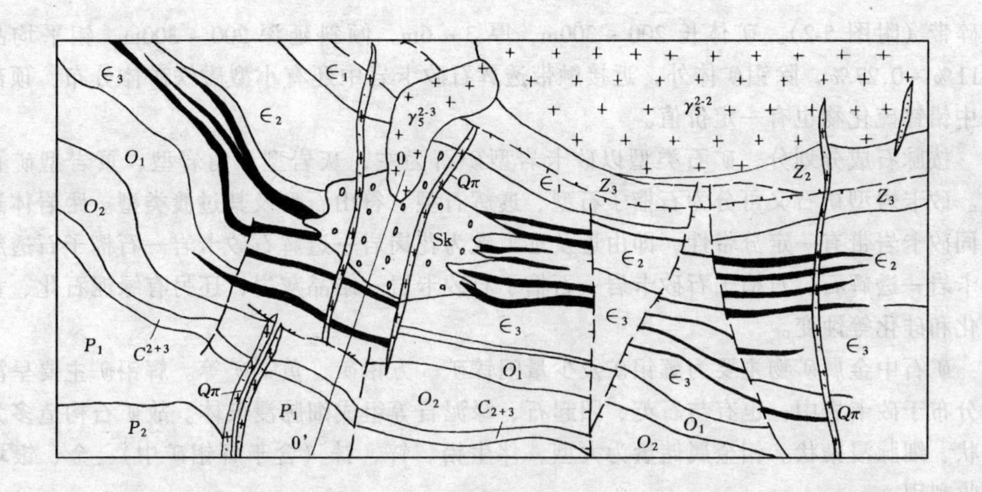

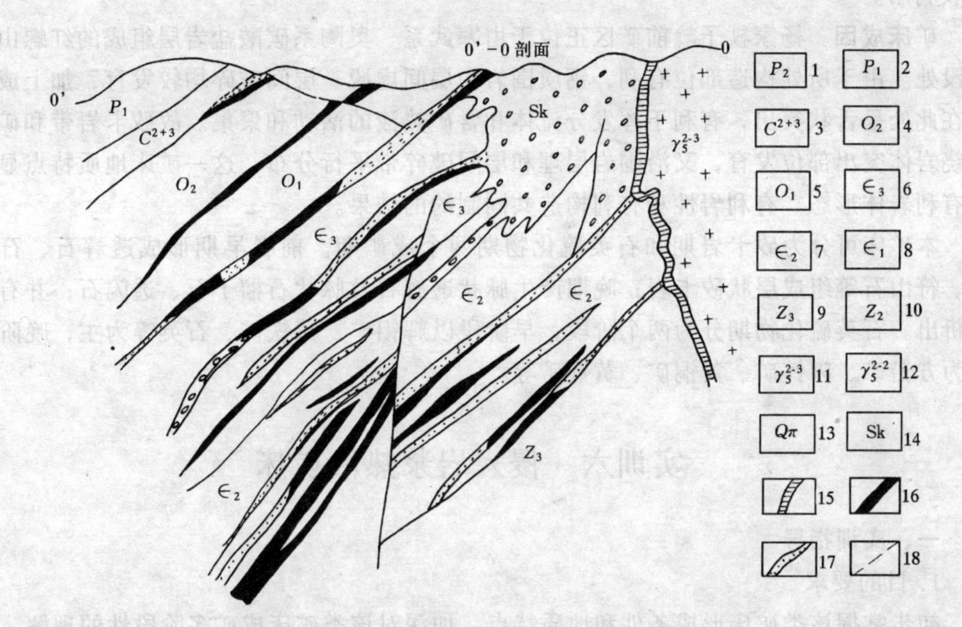

附图 5-2 杨家仗子岭前钼矿床地质平面、剖面简图

（据陕西地矿局“中国主要钼矿床地质图集”简化，1985 年）

1—二叠系上统砂岩、页岩；2—二叠系下统砂、页岩互层；3—石炭系本溪组、太原组；4—奥陶系中统厚层灰岩；5—奥陶系下统亮甲山组中厚层灰岩、白云岩，冶里组薄层泥质灰岩大理岩；6—寒武系上统大理岩、白云质大理岩、部分变为石榴石矽卡岩；7—寒武系中统张夏组大理岩、白云质大理岩；8—寒武系下统毛庄组角页岩夹透辉石石榴石矽卡岩；9—震旦系景儿峪组大理岩石英岩；10—中震旦统中厚层大理岩；11—中粒似斑状花岗岩；12—细粒似斑状花岗岩；13—石英斑岩脉；14—石榴石矽卡岩、石榴石透辉石矽卡岩、透辉石矽卡岩；15—石英脉；16—钼矿体；17—钼矿化体；18—断层

床成矿母岩。

矿床地质 矿化主要发育于细粒花岗岩体周围层状矽卡岩中。矿体呈似层状、透镜状，其产状、规模多与矽卡岩“层”一致。其空间分布除与矽卡岩“层”一致外，还有产于矽卡岩“层”顶底板与灰岩接触带和矽卡岩化灰岩中，也有产于角岩化斑点板岩的层间

破碎带（附图 5-2）。矿体长 200 ~ 300m，厚 3 ~ 6m，倾斜延深 200 ~ 300m。钼平均品位 0.11% ~ 0.27%，除钼矿体外，近接触带透辉石矽卡岩中还有小型磁铁矿体分布，顶部围岩中铅锌硫化物也有一定价值。

按脉石成分划分，矿石类型以矽卡岩型矿石为主，灰岩型、角岩型、页岩型矿石少量。矽卡岩型矿石又可分为石榴子石型、透辉石型、符山石型及其过渡类型。距岩体远近不同矽卡岩带有一定分带性，即由近及远大致为花岗岩—透辉石矽卡岩—石榴子石透辉石矽卡岩—透辉石、石榴子石矽卡岩—石榴子石矽卡岩—结晶灰岩，还另有绿泥石化、黄铁矿化和硅化等蚀变。

矿石中金属矿物主要为辉钼矿及少量闪锌矿、方铅矿、黄铜矿等。辉钼矿主要呈浸染状分布于矽卡岩中；也有与石英、阳起石、绿泥石等组成细脉浸染体。故矿石构造多为浸染状、细脉浸染状。钼金属储量为大型，伴生铅、锌、铼（含于辉钼矿中）、金、银均可回收利用。

矿床成因 杨家杖子岭前矿区正位于由寒武系、奥陶系碳酸盐岩层组成的红螺山背斜倾没处。由于所处构造部位有利，钙质围岩中层间虚脱、层间破碎均较发育，加上成矿岩体在此处呈舌状突出，有利于挥发分流体和含矿热液的活动和聚集。故矽卡岩带和矿体既围绕岩体突出部位发育，又沿围岩层理和层间破碎带平行分布，这一矿床地质特点显然是由有利岩体形态、有利岩性和有利构造共同制约的结果。

本矿床可分为矽卡岩期和石英硫化物期两个成矿期。前者早期形成透辉石、石榴子石、符山石等组成层状矽卡岩；晚期产生脉状透辉石及脉状石榴子石、透闪石；并有磁铁矿析出。石英硫化物期分为两个阶段，早阶段以辉钼矿、黄铁矿、石英等为主，晚阶段主要为方铅矿、闪锌矿、黄铜矿、黄铁矿等。

实训六　侵入岩浆热液矿床

一、实训指导

1. 目的要求

初步掌握该类矿床形成条件和地质特点，加深对该类矿床成矿多阶段性的理解。

2. 实训内容

以江西西华山钨矿床和湖南桃林铅锌矿床为例进行比较实训。

3. 观察分析要点

(1) 注意控矿地质条件，如控岩、控矿构造及围岩岩性，矿床与岩体的成因联系；

(2) 矿体产出部位与分布规律；

(3) 围岩蚀变类型、分带性及其与矿化的关系；

4. 作业

以实训矿床为例，列表对比高温热液与中温热液矿床地质特点。

二、典型矿例

矿例七　江西大余西华山钨矿床

矿区位于江西大余西华山-棕树坑钨矿带西南端，该矿带地层以寒武系浅变质的板岩、砂岩（接触变质为各种角岩或变质砂岩）为主，组成一系列轴向近南北的倒转复式褶皱。断裂构造主要为北东—北北东和近东西向，其中近东西向裂隙广泛发育，为区内主要含矿构造。燕山期黑云母花岗岩为区内钨锡矿床成矿母岩，受北东—北东东向和东西向主干断裂复合控制。除西华山岩株出露地表外，其余均隐伏地下，在深部连为一体。岩体内或其顶部围岩中有西华山、荡坪、木梓园、大龙山、漂塘、棕树坑等矿床呈等距规律分布（附图 6-1）。

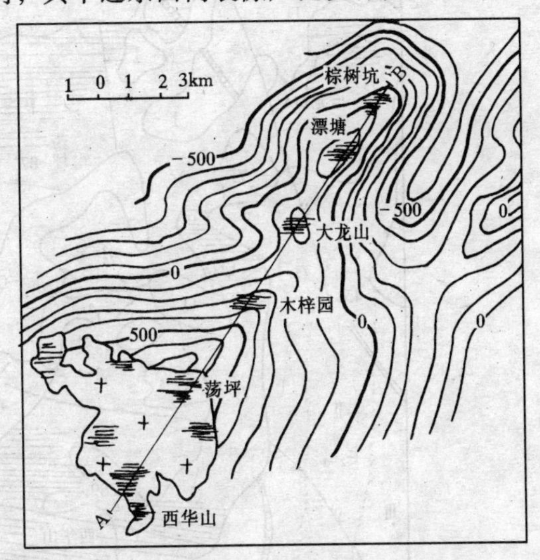

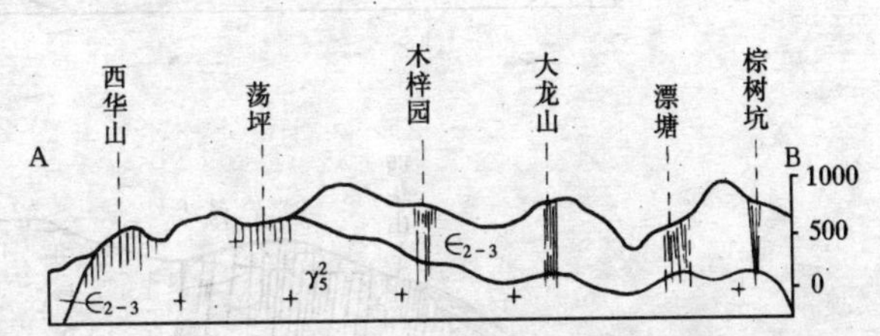

附图 6-1　西华—棕树杭钨矿带略图

（据颜美钟“江西找钨矿的基本理论和方法”，1981）

1—中、上寒武统；2—燕山早期花岗岩；

3—含钨石英脉；4—岩体顶板等高线

西华山岩体特征　西华山花岗岩株出露面积约 24km^2，呈椭圆形，为一多阶段侵入的复式岩体。根据侵入接触、穿插关系及岩石学、同位素年龄等资料可划分为 γ_5^{2-1}、γ_5^{2-2}、γ_5^{2-3}、γ_5^{2-4}、γ_5^{2-5}等五个阶段，分布于该岩体边部的荡坪、下锣鼓山、牛孜石、西华山、罗坑、生龙口等六处钨矿床（点）组成西华山钨矿田（附图 6-2）。

矿床地质　本区在 9.3km^2 矿区内共有大小矿脉近万条。其中工业矿脉 600 余条，一般脉长 200～300m，最长 1075m，一般延深 200～300m，脉厚 0.3～0.5m，最厚可达 3.6m。矿脉产状、形态严格受容矿裂隙控制，呈近东西向和北东东向成群密集分布；并可分为北、中、南三区。

近东西向矿脉发育于北区，走向 80°～90°，向北倾斜，形态较复杂，膨大缩小、分支复合常见；北东东向矿脉发育于南区、中区，向北西倾斜为主，倾角 85°左右，形态较简单、规则。矿脉产于岩体内部，延至接触面即迅速尖灭（附图 6-2），单脉体形态一般较复杂。

矿脉两侧发育云英岩化。根据矿物含量及蚀变强度，平面上自脉体向外，可依次划出富云母云英岩、正常云英岩、富石英云英岩、云英岩化花岗岩四个带，并伴有硅化。在垂直方向上亦显分带规律：一般矿脉上部两侧云英岩化最强烈、宽度大，白云母发育而分带清楚，矿化亦富；向下随着深度增大而变窄，白云母减少、蚀变减弱，矿化变贫。矿化带深部，见有与稀土矿化有关的钾长石化和钠长石化。

矿石中共生矿物有三十余种，最主要的非金属矿物为石英（占 90%以上），次为钾长石，其他含有少量白云母、黑云母、黄玉、绿柱石、萤石等；金属矿物主要为黑钨矿，另有锡石、辉钼矿、辉铋矿、白钨矿、黄铜矿、黄铁矿、磁黄铁矿、毒砂、方铅矿、闪锌矿

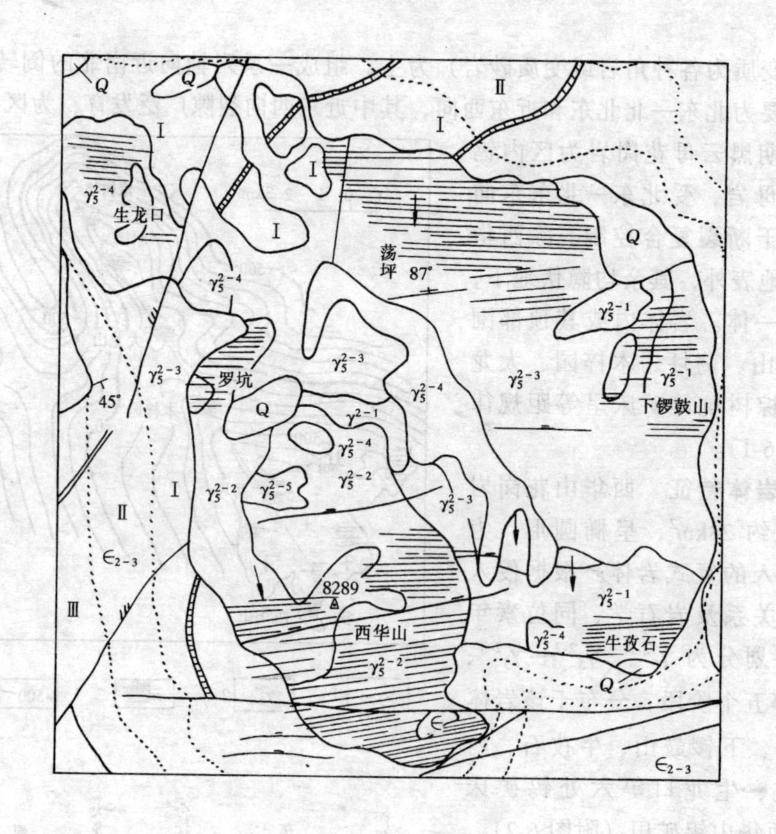

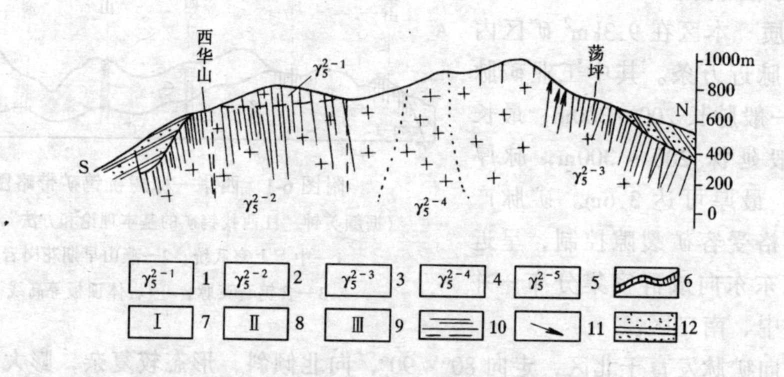

附图 6-2　西华山钨矿田地质略图

（据王泽华、周玉振“西华山钨矿床两层矿化特征及成矿模式”，1981）

1—斑状中粒黑云母花岗岩；2—中粒黑云母花岗岩；3—细粒斑状黑云母花岗岩；4—细粒石榴石二云母花岗岩；5—花岗斑岩；6—硅质岩标志层；7—角岩带；8—角岩化带；9—斑点板岩带；10—钨矿脉；11—流线方向；12—变质砂岩、角岩

等。黑钨矿以南北两区较多，中区较次，且均以靠西部变质岩顶盖下之隐伏矿脉为最富集。显示钨矿化随其接触面西倾而有向西侧伏之规律。硫化物则以近岩体中心的北区较多。在矿脉内部，显示一定沉淀分带，在水平方向上绿柱石、辉钼矿、锡石、黑钨矿等高温矿物多沿脉壁及矿脉尖灭端富集；铜、铅、锌硫化物多见于脉体中部。垂直方向上，上述高温矿物多见于上部，但黑钨矿、辉钼矿垂直区间分布较大，中部仍较多见，硫化物往深部增多。

钨的富集，除前述分布规律外，可以总体概括为：西富东贫，向西侧伏；中上部富，下部变贫；局部富集多出现于脉体膨大、缩小、尖灭、弯曲、分支复合、两脉交接、产状变缓等部位。

经系统测温结果表明，绿柱石、锡石形成温度为500~400℃，黑钨矿为400~300℃，均属高温产物。

矿床成因 本矿床形成与第二阶段侵入体（γ_5^{2-2}）有时间、空间及成因上的密切联系。从时间上说，据同位素年龄资料，成岩期为165Ma，成矿期为160~155Ma，略晚于前者；空间上说，矿脉产于岩体内部，密切共生；并可见黑钨矿石英脉根部与花岗岩呈渐变过渡；岩体中W、Sn、Be、Mo等成矿元素丰度高，超过同类酸性岩平均含量数十至数百倍，矿源充足；而且其酸度、碱度高，富含Si、K、Na和挥发组分，有W、Sn、Mo等析出转移而于裂隙发育的低压带聚集成矿。

根据主要有用矿物形成温度在500~300℃，自形晶完美，云英岩化强烈，母岩体属中深侵入等，应属与侵入体有关的高温热液矿床。

矿例八　湖南桃林铅锌矿床

矿区地质 矿区位于江南古陆与扬子地台两大构造单元过渡带，即大云山复背斜北翼。区内出露地层主要为前震旦系板溪群浅变质岩，岩性为千枚岩、砂质千枚岩、板岩互层，构成褶皱基底；其上被白垩系一第三系陆相碎屑岩覆盖。大云山岩体分布于南部，该岩体东西长百余千米，南北宽30~40km，同位素年龄值112~145Ma，系燕山晚期多阶段侵入的复式岩体。

该岩体与板溪群近东西向接触断裂破碎带，是本区铅锌矿化主要导矿和含矿构造，该矿化带以其相同产状断续延长20~30km。其中在长约13km主要矿化范围内分布有邱皮坳、杜家冲、银孔山、上塘冲、官山、断山等六个矿段。下面以银孔山、上塘冲为例简略介绍（附图6-3）。

矿床地质 在上述接触破碎带200~300m宽度范围内，普遍遭受蚀变。其中方铅矿、闪锌矿矿化以大小不等的矿脉或透镜体分布于角砾岩化含矿带中，矿化集中发育于蚀变带上部（附图6-4）。

矿石有用组分为铅、锌、萤石，经混合圈定的矿体形态较简单，多为似层状、透镜状，但有分支、复合、尖灭、再现等变化，常含扁豆状夹层。该两矿段矿体分别长650~1800m，800~1500m，一般延深200~300m；均向南西西侧伏，其产状与接触断裂带一致；矿体厚数米至数十米。矿化连续性浅部较好，深部较差。

与矿化关系最密切的围岩蚀变为绢云母化、绿泥石化、硅化。自岩体向外可划分以下三个蚀变带：

1. 硅化带　与花岗岩直接接触的千枚岩硅化后坚硬、致密，一般无工业矿化；

2. 绢云母、绿泥石化带　距岩体稍远的千枚岩（或片岩）绿泥石化、绢云母化增强，但硅化减弱，厚数十米，矿化不均匀；

3. 蚀变角砾岩含矿带　即千枚岩破碎成角砾岩被大量石英、萤石、铅锌硫化物充填胶结并发育绢云母化、绿泥石化及硅化等蚀变。

矿石中有用矿物为方铅矿、闪锌矿和萤石，另有黄铜矿、黄铁矿及少量辉银矿等金属

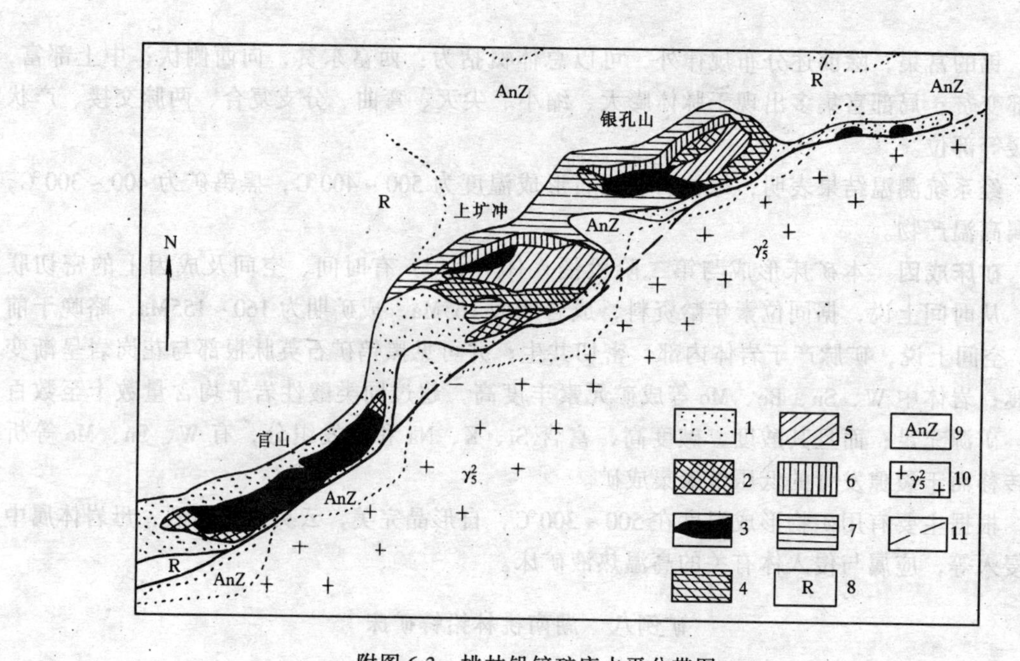

附图 6-3　桃林铅锌矿床水平分带图

1—方铅矿浸染带；2—贫铅带；3—铅矿带；4—铅锌矿带；5—锌矿带；6—贫锌矿带；7—铅锌硫化物浸染带；8—第三系；9—前震旦系；10—燕山期花岗岩；11—断层

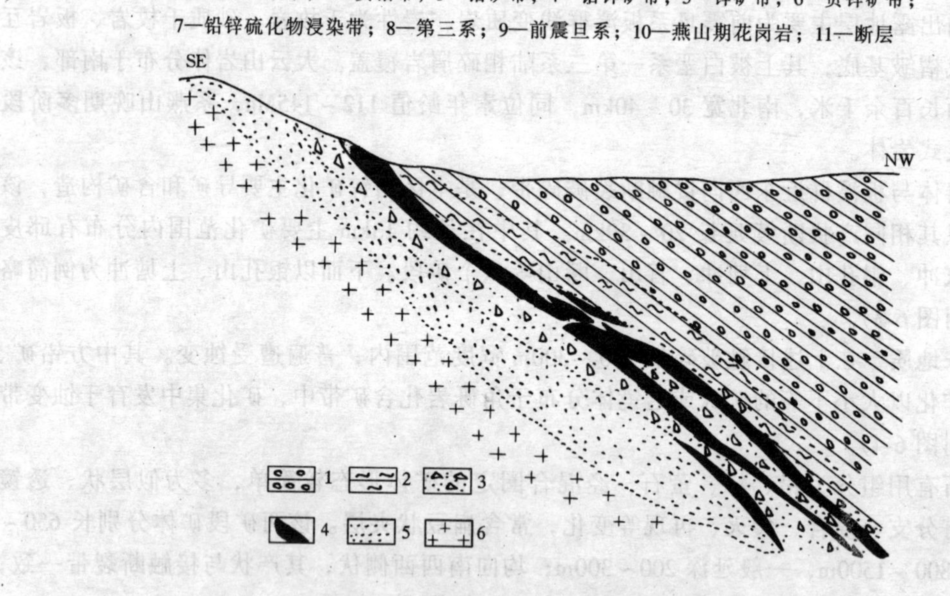

附图 6-4　桃林铅锌矿床地质剖面图

1—第三系砂砾岩；2—板溪群千枚岩、板岩；3—含矿角砾岩带；4—铅锌矿体；5—硅化蚀变带；6—花岗岩

矿物；脉石成分有各种蚀变岩、石英、方解石、重晶石等；次生矿物有白铅矿、铅钒（硫酸铅）、孔雀石、蓝铜矿、菱锌矿等。矿石中铅锌含量分别为 0.8%～1.2%、1.4%～2.5%，萤石含量为 15%～17%。

前述六个矿段组成的矿化带具有一定的分带性，总的以中部（银孔山—上塘冲，后同）构造破碎最强烈，矿化最富，其铅、锌、萤石储量分别占全区总储量的 71%、89%、81%，且锌多于铅，也富含萤石，但重晶石少，而两侧相反。

矿石构造有对称条带状、角砾状、块状、网脉状、浸染状、晶簇状；矿石结构以半自形—他形晶粒状为主。一般中部呈粗粒块状、角砾状、网脉状，两侧多为细粒浸染状及角砾状。

矿床成因　根据对矿石方铅矿和花岗岩长石样品所作铅同位素分析结果，矿石铅与花岗岩有共同来源，属同源产物，即本区成矿物质来自多阶段侵入的大云山复式岩体，而与矿化有直接成因联系的晚阶段侵入体可能隐伏较深部位。

其接触断裂破碎带不仅为含矿热液上升通道和容矿空间，而且因其多次活动，也导致矿液多次上升而产生多阶段矿化。

本区矿化阶段有三个：第一阶段形成黄铜矿、方铅矿、褐至褐黄色闪锌矿、绿色或蓝色萤石及乳白色石英；第二阶段矿化发育于第一阶段成矿后的破碎带和裂隙中，除继有黄铜矿、方铅矿、褐色闪锌矿、紫色、浅紫色萤石等生成外，尚有白色重晶石、半透明石英、石髓、含锰方解石等；第三阶段出现大量重晶石、紫色萤石及梳状、葡萄状乳白色石英，硫化物大为减少。据硫同位素测温资料，第一阶段硫化物沉淀温度为344～266℃，第二阶段为265～221℃，与液相包裹体爆裂温度（210～330℃）基本一致。

矿物组合、围岩蚀变类型及有用矿物沉淀温度等均反映了中温热液成矿特点。

实训七　次火山热液矿床

一、实训指导

1. 目的要求

了解矿床形成的特殊地质背景，了解矿石构造、矿石成分、矿化部位及其分带性等。

2. 实训内容

江西德兴斑岩型铜（钼）矿床。提供的实训标本应有各种矿石类型、矿石构造、各类蚀变围岩等标本。

3. 观察分析要点

(1) 矿床所处区域构造位置及控岩构造；

(2) 次火山岩体产状、规模、形态及岩石特征对矿化的影响；

(3) 矿化部位与矿体产状、形态及控制因素；

(4) 矿石构造、矿石类型及其分带性；

(5) 内外接触带围岩蚀变类型、分带及其与矿化的关系。

4. 作业

列表比较次火山热液矿床与侵入岩浆热液矿床成矿条件及地质特点。

二、典型矿例

矿例九　江西德兴斑岩型铜（钼）矿床

江西德兴斑岩型铜（钼）矿田位于怀玉山脉北麓，德兴县城北东25km处。该矿田由铜厂（T区）超大型铜矿床、富家坞（F区）超大型铜（钼）矿床及珠砂红（J区）大型铜矿床组成，是我国重要铜矿基地之一。

矿田地质　区内地层主要为元古界双桥山群上部一套浅变质的泥质和火山凝灰质沉积岩系。成矿岩体围岩（矿化围岩）为绢云母千枚岩和变余层凝灰岩。

在矿田范围内双桥山群组成近东西向复式褶皱，并伴有一系列挤压破碎带。区内北北东向构造发育，为一系列压扭性断裂，且在燕山期多次强烈活动，是控岩控矿主导构造，并有各类岩浆岩沿其侵入和喷出。

该三处矿床均存在燕山期花岗闪长斑岩体，且均侵位于北北东向与东西向两组主干断裂复合部位，呈北西—南东向断续分布（附图 7-1、7-2、7-3）。

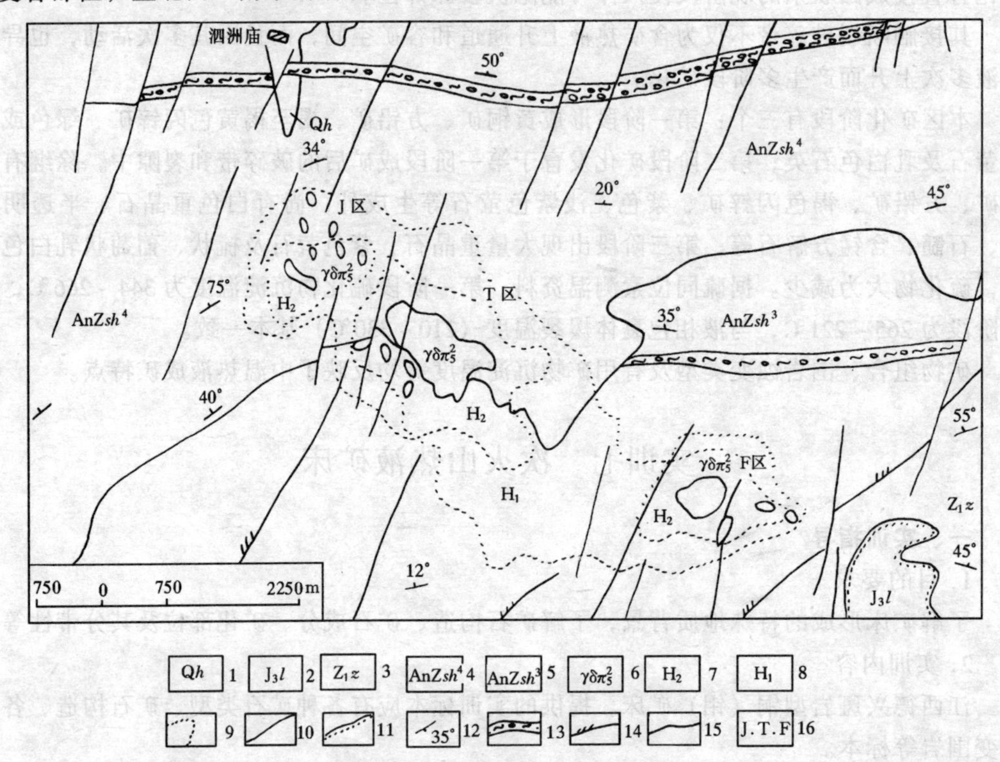

附图 7-1 德兴铜矿田外围地质略图

（据“铜矿床勘探类型实例图”，1981）

1—第四系全新统；2—侏罗系上统冷水坞组；3—震旦系下统志棠组凝灰质绢云母板岩、千枚岩、砂砾岩夹变余流纹岩；4—前震旦系双桥山群第四段：凝灰质千枚岩、绿泥绢云母千枚岩及千枚岩；5—前震旦系双桥山群三段、变余沉凝灰岩夹凝灰质砂砾岩；6—燕山期花岗闪长斑岩；7—强蚀变围岩（石英绢云角岩）；8—弱蚀变围岩（绢云绿泥千枚岩）；9—蚀变带界线；10—地质界线；11—地层不整合线；12—地层产状；13—东西向挤压破碎带；14—北东向压扭性断裂；15—断裂；16—J 区—珠砂红矿区；T 区—铜厂矿区；F 区—富家坞矿区

在岩体外侧普遍具热接触变质带（石英绢云母角岩带），平均宽 200m，向外过渡为斑点板岩带和绢云绿泥石千枚岩。花岗闪长斑岩斑晶率达 40%～60%斑晶主要为中长石、角闪石，基质为微—细粒花岗结构。其岩石化学成分中性偏碱。

矿床地质 矿体均受接触带控制。细脉状、浸染状矿化均跨岩体内外接触带发育，但以外带为主，进入岩体中心部位，蚀变与矿化均减弱。

铜矿体空间上呈不规则空心筒状，规模巨大，如铜厂主矿体最大外径 2500m，空心部分 400～700m；含矿率 83%～92%，矿化均匀。

矿体随岩体向北西倾斜，但倾角常小于岩体接触面倾角且上盘矿体一般大于下盘矿体。而在下盘矿体中，斑岩型矿体大于变质岩型矿体。矿化蚀变以岩体顶部和上部最强，

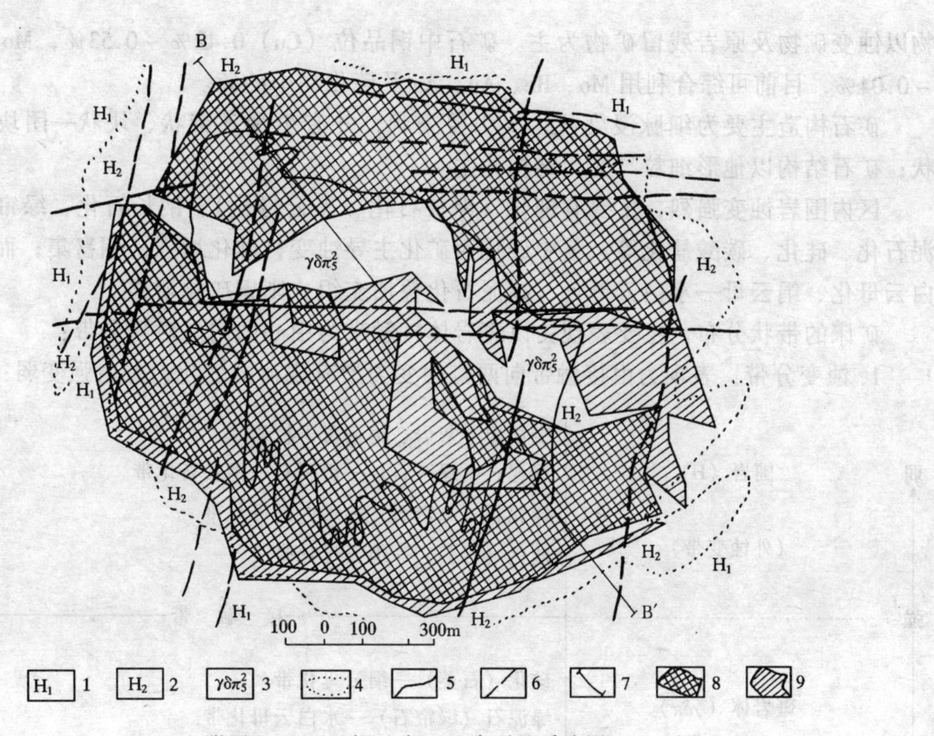

附图 7-2 T 区铜矿床 65m 水平地质略图

（据“铜矿床勘探类型实例附图”，1981）

1—弱蚀变围岩（绢云母绿泥石千枚岩）；2—强蚀变围岩（石英绢云母角岩）；3—花岗闪长斑岩；4—蚀变带界线；5—斑岩体界线；6—断层；7—剖面线；8—工业矿体；9—资源量（Cu0.2%～0.4%）

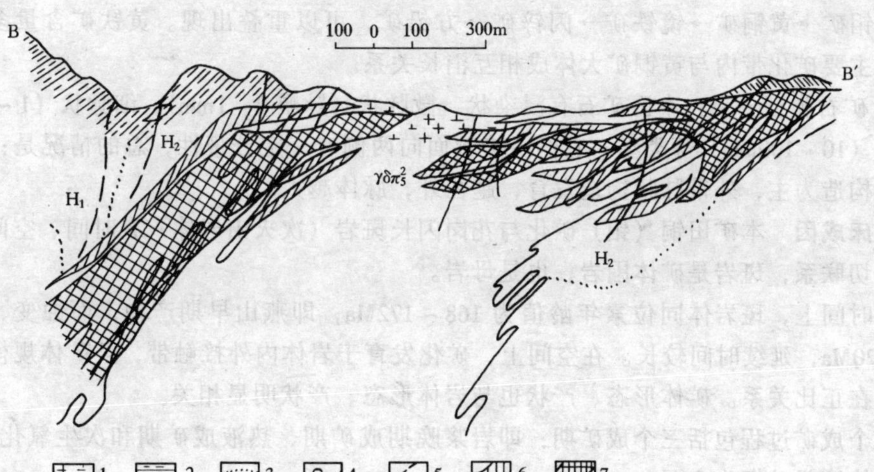

附图 7-3 T 区 B—B′线矿体剖面

（据“铜矿床勘探类型实例附图”，1981）

1—花岗闪长斑岩；2—蚀变千枚岩；3—强弱蚀变带界线；4—斑岩体界线；5—断层；6—资源量（Cu0.2%～0.4%）；7—工业矿体

为浅—中等剥蚀程度。经剥蚀后，富集区间在－600～＋400m 间，矿化垂深在千米以上。

矿石主要金属矿物为黄铁矿、黄铜矿、辉钼矿。它们的含量比约为 300:33:1；脉石矿物以蚀变矿物及原岩残留矿物为主。矿石中铜品位（Cu）0.42%～0.53%，Mo为0.01%～0.04%，目前可综合利用Mo、Re、Au、Ag及硫化物中的硫。

矿石构造主要为细脉浸染状，次为浸染状，并有少量条带状、块状—团块状、角砾状；矿石结构以他形细粒与交代结构为主。

区内围岩蚀变强烈，主要有钾化（钾长石化、黑云母化）、钠长石化、绿帘石化、绿泥石化、硅化、碳酸盐化等。其中硅化为矿化主导蚀变，硅化增强，钼富集；而硅化与水白云母化、绢云母—水白云母化、绿泥石化叠加交织，则铜矿化增强。

矿床的带状分布，主要表现为以斑岩体接触带为中心的内外对称分带：

1.蚀变分带：表现为由接触带向两侧蚀变类型有规律的变化，并由强变弱：

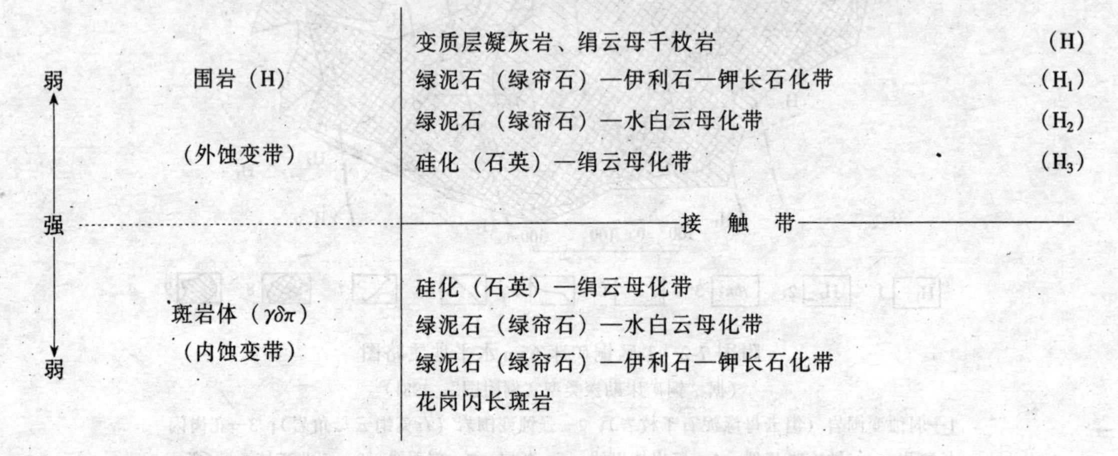

2.金属矿物分带：自接触带两侧向外，金属矿物大体依次为：

辉钼矿→黄铜矿→镜铁矿→闪锌矿→方铅矿，可以重叠出现。黄铁矿含量多，分布广，在主要矿化带内与黄铜矿大体成相互消长关系。

3.矿石类型分带：本区矿石有浸染状、微脉状（脉幅2～1mm）、细脉状（1～10mm）、中脉状（10～100mm）等类型；它们由接触面向两侧有一定分带性，总的情况是：内带以浸染状构造为主，外带脉状构造发育，越往外，脉体越大。

矿床成因 本矿田铜（钼）矿化与花岗闪长斑岩（次火山岩体）有时间、空间和成因上的密切联系，斑岩是矿体围岩，也是母岩。

从时间上，斑岩体同位素年龄值为168～172Ma，即燕山早期产物，而蚀变、矿化为160～120Ma，延续时间较长。在空间上，矿化发育于岩体内外接触带，且矿体规模与岩体规模存在正比关系。矿体形态、产状也与岩体形态、产状明显相关。

整个成矿过程包括三个成矿期：即岩浆晚期成矿期、热液成矿期和次生氧化成矿期，其中以热液成矿期为主要。

根据测温资料，矿物生成温度范围在180～375℃，主要成矿温度为中温。

实训八 地下水热液矿床

一、实训指导

1.目的要求

了解本类矿床的基本地质特点，了解矿源层、储矿层岩性、容矿构造对矿床形成的控制意义。

2. 实训内容

湖南锡矿山锑矿山。

3. 观察分析要点

(1) 矿区构造特点及矿化发育部位；主要矿化层岩性特点及遮挡层的位置与作用；

(2) 矿源层含矿性特点；

(3) 矿体产状、形态与变化，矿石的矿物组成，组构特征；

(4) 围岩蚀变及其与矿化的关系。

4. 作业

按附录一格式，填写实习报告表。

二、典型矿例

矿例十 湖南锡矿山锑矿床

矿田地质 锡矿山锑矿田自北而南包括童家院、老矿山、物华、飞水岩等四处矿床，总面积二十余平方千米（附图 8-1）。

矿田位于湘中盆地新化—涟源褶皱带中部，构造上处于沉降隆起差异构造运动较剧烈的地区。矿田总体构造为一由中上泥盆统组成的北东向地垒式短轴背斜，背斜轴向北东 30°，次级褶皱发育，但由表部往深部渐趋减弱而变为单一宽展背斜。蚀变和矿化主要沿背斜轴部佘田桥组灰岩及西部大断层（F_{75}、F_3）发育（附图 8-2）。

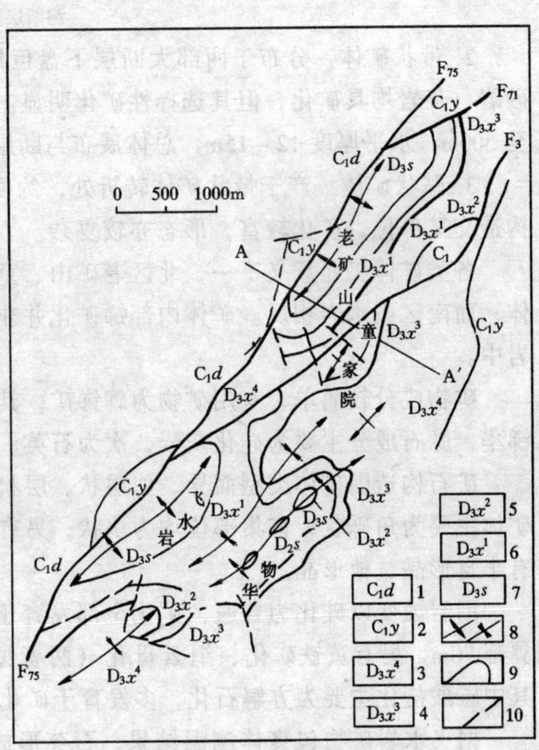

附图 8-1 锡矿山锑矿田构造略图

（据谌锡林等“锡矿山锑矿田矿床构式及其西部大断层下盘带状矿体找矿远景”，1978）

1—下石炭统大塘组；2—下石炭统岩关组；3—锡矿山组灰岩段；4—铁矿层；5—锡矿山组泥质灰岩段；6—锡矿山组页岩段；7—佘田桥组；8—背斜向斜轴；9—地层界线；10—推测断层线

断裂走向以北东向为主，其中具区域规模的 F_{75} 切割该背斜两翼，垂直断距达 700～900m，为本区矿液上升通道和带状矿体储存空间。

除东部有云斜煌斑岩脉出露外，浅部与深部尚未发现其他侵入岩体。

矿床地质 本区锑矿体产状、形态均较复杂，受构造、层位及岩性三者控制，有三类矿体：

1. 层状、似层状矿体 分布于西部大断裂东侧佘田桥组硅化灰岩中，因受佘田桥组和锡矿山组页岩段的屏蔽控制而使其沿灰岩层间破碎带整合产出。其总体产状与灰岩一致，但不规则，局部切割围岩，产于背斜轴部者多呈鞍状。

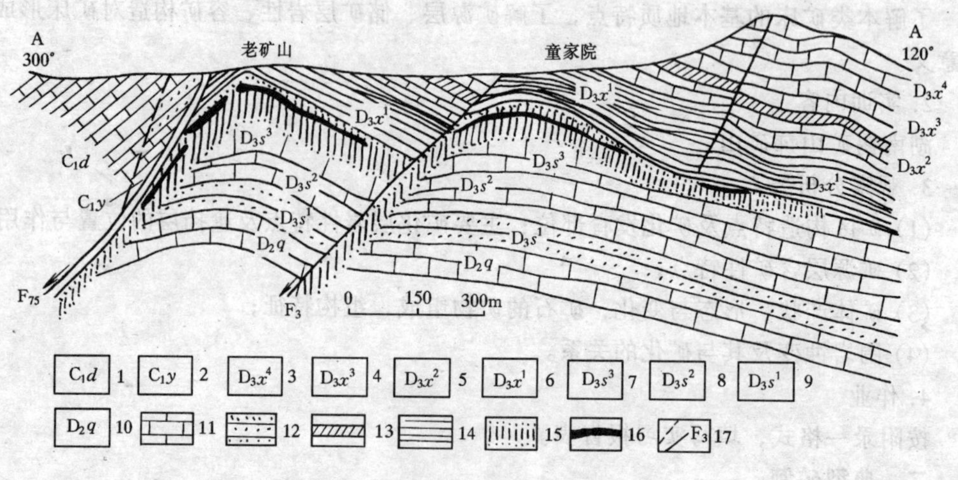

附图 8-2 锡矿山 A—A′地质剖面图

（资料来源同图 9-1，补加岩性花纹）

1—下石炭统大塘组；2—下石炭统岩关组；3—锡矿山组灰岩段；4—铁矿层；5—锡矿山组泥质灰岩段；6—锡矿山组页岩段；7—佘田桥组上段；8—佘田桥组中段；9—佘田桥组下段；10—棋子桥组灰岩段；11—石灰岩；12—砂岩；13—鲕状赤铁矿层；14—钙质页岩；15—硅化灰岩；16—辉锑矿体；17—推测实测断层及编号

2. 带状矿体　分布于西部大断层下盘巨厚硅化破碎带中，被其切割的中、上泥盆统砂岩、灰岩均具矿化，但其选择性矿化明显。产于灰岩中者规则、稳定而富集。长数十米至 500m，水平厚度 12 ~ 15m，总体展布与断层产状一致。

3. 鞍状矿体　产于带状矿体转折处，约西距 F_{75}断层 100 ~ 300m 范围内。因其为两类构造交叉部位，矿化较富，形态亦较复杂。

各类矿体工业意义不一，北区老矿山、童家院的带状、鞍状矿体大于层状、似层状矿体；而南区飞水岩相反。矿体内部锑矿化并非均一，多呈单矿物脉体、块状分布于硅化灰岩中。

矿物成分较简单，有用矿物为辉锑矿，其他金属矿物有少量黄铁矿和次生氧化物——锑华，脉石成分主要为硅化灰岩，次为石英、方解石及少量重晶石、萤石。

矿石构造因矿体类型而异，似层状、层状矿体以细脉状、条带状、角砾状为主；带状矿体主要为角砾状；富集部位均为块状；另有浸染状、晶簇状。辉锑矿以自形晶为主，也有半自形晶、他形晶。

围岩蚀变以硅化为普遍，矿化全部发育于硅化灰岩中。硅化范围在背斜轴部宽 80m，翼部 70m，另有黄铁矿化、绢云母化（两者见于页岩、泥灰岩中）、重晶石化、萤石化；其中碳酸盐化主要为方解石化，多发育于矿化断裂中。

据飞水岩矿物包裹体测温结果，石英形成温度为 240 ~ 270℃（深部石英 305℃），辉锑矿为 138 ~ 216℃，均反映了深部至浅部温度递降，与含矿热液的运移方向大体吻合。

矿床成因　目前多认为属地下水热液成因，其主要依据是：

1. 据全矿区辉锑矿及少数硫酸盐矿物硫同位素测定结果，显示其非岩浆源而为大气降水淋滤沉积硫化物的混合硫。

2. 矿田范围内未发现提供矿质的侵入岩体，湘中其他锑矿区亦无有关岩体发现。

3. 含矿岩系中锑的丰度比其克拉克值高数十至数百倍；附近元古界地层含锑高达0.02%～0.03%，个别达0.1%；湘中乃至湘南同类锑矿亦严格受此层位控制，这就完全可能作为矿源层存在。

综上所述，目前多认为矿质来自上述含锑较高的地层岩石，由地下热水循环溶滤形成的含矿热液，在沿西部大断层上升活动中，被厚层钙质页岩阻挡聚集而成矿。

实训九　风　化　矿　床

一、实训指导

1. 目的要求

初步掌握风化矿床的形成条件，了解风化矿床的地质特征，特别注意其与原岩（矿床）的关系。

2. 实训内容

福建漳浦铝土矿矿床。

3. 观察分析要点

(1) 原岩或原含矿地质体分布、产状、形态与成分特点；

(2) 矿区构造，特别断裂发育情况以及地形、气候对成矿的影响；

(3) 矿体分布、产状、形态、水平、垂直分带性及其影响因素；

(4) 分析矿床形成条件和过程。

4. 作业

结合矿例小结风化矿床形成的内外部条件与形成作用。

二、典型矿例

矿例十一　福建漳浦铝土矿矿床

矿区地质　区内地层主要为新第三系佛县群（N_{ft}），分布面积约50km²，按岩性岩相特点，划分为上、下两段：

佛县群上段（N_{ft}^{b}）：为铝土矿含矿层，主要为灰黑、暗绿及紫灰色玄武岩，夹有1～3层厚0.1～7.74m半固结砂砾岩、泥岩。厚度>153m。

佛县群下段（N_{ft}^{a}）：为一套以砂砾岩为主的滨海-三角洲相沉积，固结程度差，不整合覆于灰白色中粒黑云母花岗岩之上。厚32m。

在构造上，矿区位于佛县—南澳褶断带中段。北东向断裂发育，区内新生代地层产状平缓，基本保持原始沉积盆地构造。下伏岩系为燕山早期花岗岩和上二叠统-侏罗系，新构造运动总的表现为缓慢上升，形成三级阶地。铝土矿层即分布于最高的更新世早期台地上，且由南往北，高度渐增。

区内喷出岩为玄武岩，受北东方向断裂控制，组成北东40°延伸的玄武岩带；长约70km，地表出露最宽处十余千米，断续零星呈岩被状分布，现今所见，仅其残存部分(填盖基底凹陷部分)。玄武岩新鲜时黑色、质硬，由拉长石、辉石、少量磁铁矿、橄榄石组成，气孔及柱状节理发育，含Na_2O、K_2O较高，在橄榄玄武岩中达6.2%，高出其他玄武岩一倍以上，为本区成矿母岩。

矿床地质 区内铝土矿分布于玄武岩出露区，自南至北主要有神社山、大肖、金塘、半石、后堀等矿区（附图 9-1）。

按不同成因与分布，可分为残余型和坡积型两个亚类（矿体分布见附图 9-1、9-2）。

1. 残余型铝土矿

分布于山丘顶部、脊部，为风化剥蚀后原地残留部分。矿体多呈孤立圆丘形，单个矿体面积仅 0.09 ~ 0.2km^2，厚度多小于 3m，山丘顶部较厚。矿体与玄武岩呈渐变过渡关系，具清楚的垂直分带（附图 9-3）。

2. 坡积型铝土矿

即前述残余型矿石碎块迁积于山坡形成。分布于前类矿体周围之山坡，山麓低凹处。多呈环状或半环状分布，有时可见多次迁积形成的多矿石层，厚 1 ~ 2 m，一般自山顶向山麓厚度增大而含矿率降低。

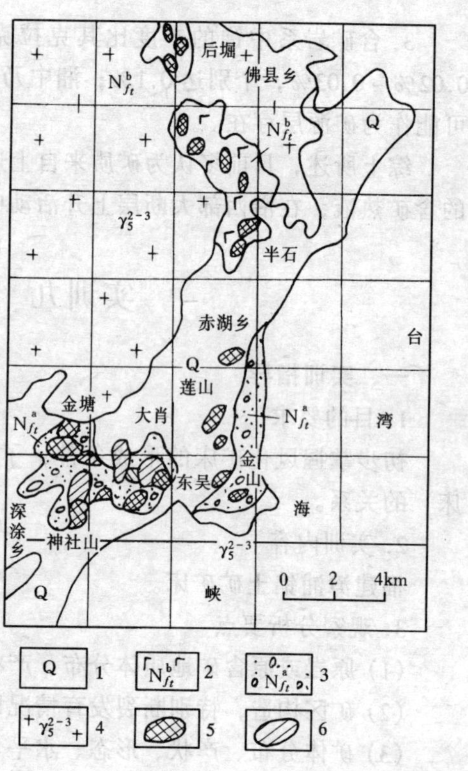

铝土矿石产于红土层中，一般均保存玄武岩原有球核形态，且残留有气孔构造原状。矿石多呈棕黄、樱红等颜色及多孔状、胶状、土状、结核状等构造和细晶体状、胶状等结构。

矿石类型属高铁的一水软铝石-三水铝石型。主要铝矿物为三水铝石，高岭石少量。褐铁矿、针铁矿多呈胶状结构，并于矿石表面形成铁质被膜。铝土矿矿石含 Al_2O_3 为 40% ~ 60%，F_2O_3 为 16% ~ 19%。

附图 9-1 福建漳浦神社山—后堀矿体分布略图

1—第四系；2—佛县群上段（玄武岩）；3—佛县群下段（砂砾层）；4—燕山期中粒黑云母花岗岩；5—残余型铝土矿；6—坡积型铝土矿

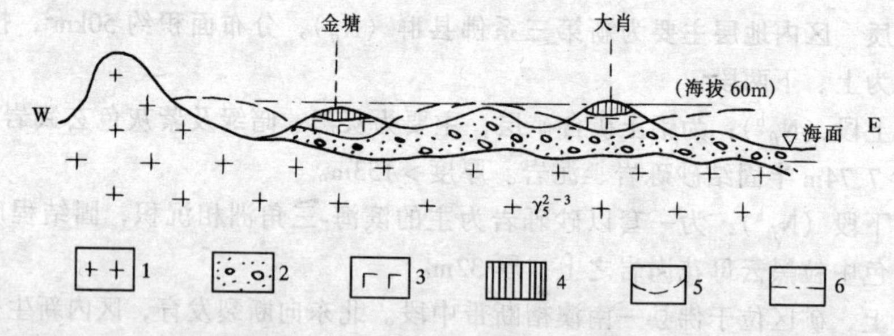

附图 9-2 金塘大肖山矿区夷平面示意图

（据长春地质学院矿床教研室“矿床实习讲义”，1980）

1—燕山期花岗岩；2—佛县群下段砂砾层；3—玄武岩；4—玄武岩风化壳；5—玄武岩喷发前基底面；6—被抬高的夷平面

矿床成因 新生代玄武岩是其成矿母岩。此种玄武岩富铝、低硅、多碱，气孔构造和柱状节理发育，易于遭受风化；其次，该区属亚热带气候区，温热多雨，干湿交替；并属滨海准平原化地形，高差小、起伏平缓，也有利于风化作用进行。但铝土矿形成后，经受过一次上升剥蚀，破坏了铝土矿分布的连续性和完整性。

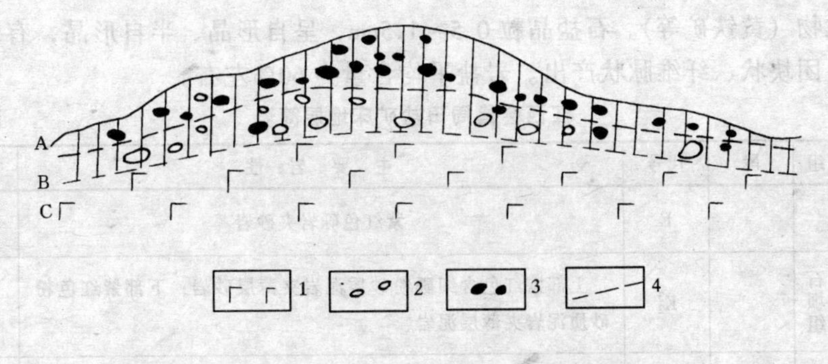

附图 9-3 金塘矿区风化壳剖面图

(据胡受奚等《矿床学》，1983)

A—矿石层，富含矿石块的红土；B—红土层，微含矿石块及风化玄武岩碎块；C—风化玄武岩；

1—玄武岩；2—风化玄武岩碎块；3—矿石块体；4—矿石层、风化壳界线

其成矿作用过程是新鲜玄武岩→风化玄武岩→红土和三水铝土矿矿石。

实训十 盐 类 矿 床

一、实训指导

1. 目的要求

了解盐类矿床形成条件、地质特征及一般形成机理和过程。

2. 实训内容

以列举的江西周田盐矿和湖北应城膏盐矿床为例进行实训，实训中应提供主要盐类矿石和含盐岩系中各种岩石标本、剖面资料。

3. 观察分析要点

(1) 含盐地层时代、分层，含盐岩系岩性、岩相特点；

(2) 矿区所处大地构造位置及当时古地理环境对盐层和含盐岩系形成的控制；

(3) 矿区构造特征及其对矿体形态及盐层完整性的影响；

(4) 盐层产出类型、规模、韵律结构特点及其相互成因联系。

4. 作业

按附录格式填写实习报告表。

二、典型矿例

矿例十二 江西周田盐矿床

本矿床为陆相沉积石盐矿床。

矿区地质 矿床位于江西瑞金、会昌陆相红盆的南部。基底为前泥盆系龙山群变质岩。盖层由侏罗系至第三系组成，矿层赋存在白垩系中，其主要岩性及盐矿层情况如附表10-1。

矿床地质 盐矿床产于上白垩统周田段（附图 10-1），主要发育于小田段灰色泥岩层内。矿石矿物成分较简单，主要由石盐及陆源碎屑矿物（以水云母为主，其次为高岭石、石英）等组成，并有少量硫盐矿物（石膏、钙芒硝）、碳酸盐类矿物（白云石、方解石）

及金属硫化物（黄铁矿等）。石盐晶粒 0.5～1.5cm，呈自形晶、半自形晶，有时其集合体呈薄层状、团块状、纤维脉状产出。岩盐平均含量为 60%左右。

江西会昌周田盐矿床地层简表　　附表 10-1

系	统	组	段	代号	主要岩性	厚度（m）
第三系	下统			E	紫红色砾岩夹砂岩	>250
白垩系	上统	石坝组		K_2^3	上部紫红色含细砾粉砂质泥岩夹薄层砂岩；下部紫红色粉砂质泥岩夹薄层泥岩	490～670
		周田组	新墟段	K_2^{2-4}	灰绿色泥岩，中部夹有泥灰岩	220～290
			半岗段	K_2^{2-3}	紫红色泥岩夹灰色泥岩	27～165
			小田段	K_2^{2-2}	上部灰色泥岩夹泥砾岩；中部盐层夹灰色泥岩，盐层厚 82～251m；下部泥岩或石膏质泥砾岩夹薄盐层	250～450
			狮形背段	K_2^{2-1}	上部灰色泥岩夹紫红色泥岩；下部含钙泥岩夹钙质结核层	113～300
		白埠组		K_2^1	上部紫红色泥岩与灰色泥岩互层；中部为紫红色钙质粉砂岩、细砂岩，向下变为长石石英砂岩和含砾砂岩；下部为紫红色砾岩	725～1600
侏罗系	上统			J_3	晶屑凝灰岩	

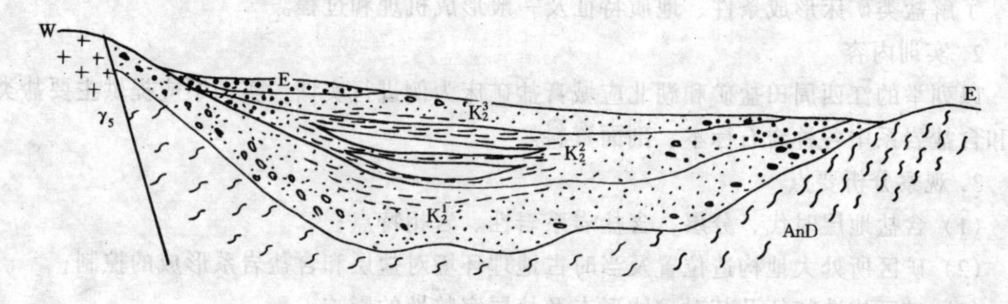

附图 10-1　周田盐矿剖面示意图

E—第三系；K_2—白垩系上统；K_2^3—石坝组泥岩、粉砂岩；K_2^2—周田组泥岩砂岩、含岩盐两层；K^1—白埠组泥岩、砂岩、砾岩；AnD—前泥盆系龙山群变质岩；γ_5—花岗岩

盐矿层内部由岩盐与泥岩组成百余个韵律，矿层中部岩盐厚度大于泥岩厚度，岩盐:泥岩＝3:2～2:1，愈向矿层顶、底板方向，泥岩厚度逐渐增大，岩盐:泥岩＝1:2。

沿矿层厚度方向，矿石成分的变化为：矿层中间以石盐为主，伴微量石膏、钙芒硝、白云石等，向外石盐减少，石膏、钙芒硝增多，到矿层顶底板的含石盐骸晶的泥砾岩时，则以石膏、钙芒硝为主，石盐仅占 1%～5%，泥砾岩之外为含碳酸钙结核泥岩，并渐变为正常泥岩。水平方向上，石盐含量由南西向北东方向增高。

矿床的形成　周田盐矿的形成与以下三个控矿条件有密切关系：

1. 古地理条件　周田小盆地是由北北东向构造带和东西向构造带复合形成，具有深陷和持续下降的特点，有利于盐矿的沉积。盆地东西两侧，自泥盆纪至侏罗纪为剥蚀时期，给成盐提供了丰富的物质来源。

2. 古气候条件　当时古气候为干旱炎热，从周田组泥岩中保存的植物化石可予证明，如产有热带植物海金沙科和干旱植物麻黄属的花粉。周田盆地的砖红色陆屑沉积形成的砖红色岩石证明为氧化环境形成。

3. 成盐地质作用　由于地壳升降运动使成盐盆地不断下沉，成盐物质不断供应，含盐溶液不断浓缩，沉积了具有韵律构造的巨厚含盐地层。

矿例十三　湖北应城膏盐矿床

本矿床为陆相沉积石膏-石盐矿床。

矿区地质　矿床地处洞庭断陷盆地北部，形成于白垩纪末第三纪初，矿区周围皆为第三纪始新世陆相地层，盆地边缘见其与古生代地层不整合接触。矿区内含盐地层为下第三统（云应群），自下而上分为白沙口组、含膏盐组及文峰塔组，其主要岩性及膏盐层情况如附表 10-2。

盆地内云应群分布广泛，组成平缓向斜构造，地层倾角为 2°~4°，盆地边缘可达 10°~20°，断裂不发育，规模也小，对矿体破坏不大。

矿床地质　膏盐矿层分别产于含膏盐岩段和含盐岩段中，呈薄而小的层状—似层状，膏、盐层沿走向和倾向均由断续分布的众多小透镜体组成（附图 10-2）。

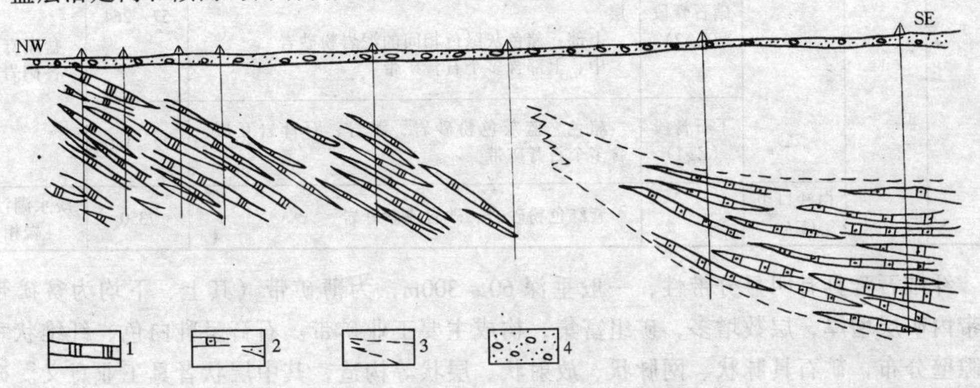

附图 10-2　湖北应城膏盐矿床代表性剖面简图

（据赵东甫“非金属矿床”，1986）

1—含膏薄层状透镜体；2—含盐薄层状透镜体；3—石膏，盐层界线；4—第四系沉积物

石膏层主要产于 E*g*1、E*g*2 岩段中，并主要发育于岩段内蓝灰色黏土岩地段。其成分主要有纤维石膏、泥质石膏及少量碳酸盐、氧化物、芒硝及微量天青石、萤石等。其中硬石膏呈薄层状或结核状分布，常与蓝灰色黏土岩呈互层；结核状者呈扁圆形，长径 3~13cm。泥质石膏结晶粗大，呈雪花状，由硬石膏水化而成。

纤维石膏是主要工业矿物和开采对象，其颜色洁白，杂质少，并有三种产状：1. 呈宽 1~5cm、长数十厘米至数米并斜切层理的细脉状；2. 呈脉宽 <1cm 的不规则网脉状；3. 呈薄层状平行层理分布，产于灰绿色、灰蓝色含膏黏土岩、粉砂质黏土岩中。前两种产状的纤维石膏均无单独开采价值，第三种呈薄层状产出者延伸稳定，层数多，是主要开采对象。此种石膏层共有 170~300 余层，剖面上常成群聚集，按其聚集程度可分为若干个膏群，每一膏群由数层至数十层石膏组成，单层厚度 1~60cm，多数为 3~5cm，层间距

数厘米至两米不等。每一膏群厚度数米至十几米，一般为 5m 上下。膏群间距约 6cm，膏群之间为紫红色粉砂岩、黏土岩、粉砂岩等。

应城膏盐矿床地层简表　　　　附表 10-2

系	统（群）	组	段	主要岩性	厚度（m）	岩相
第四系（Q）				黏土—砂砾层	10 ~ 15	
第三系	下第三统（云应群）	文峰塔组（E*h*）		上部：泥灰岩夹粉砂质泥岩 下部：泥岩、钙质粉砂岩、含薄层纤维石膏	3 ~ 480	半咸水湖泥岩相
		含膏盐组（E*g*）	上石膏段（E*g*5）	灰绿色含膏泥岩、泥质石膏岩与赭色粉砂岩、泥岩互层，夹纤维石膏层	160 ~ 280	
			上含钙芒硝段（E*g*4）	泥质钙芒硝岩、硬石膏岩与赭色粉砂岩互层	7 ~ 128	
			含石盐段（E*g*3）	泥质硬石膏岩、钙芒硝岩、石盐岩及赭色粉砂岩或泥岩互层，为主要含盐段	230 ~ 388	盐湖膏盐钙芒硝岩相
			下含钙芒硝石膏段（E*g*2）	下部：赭色粉砂岩夹泥岩 中部：灰绿色粉砂岩、泥岩、石膏及钙芒硝层 上部：赭色灰绿色相间的泥岩粉砂岩 中、上部含多个石膏矿带	57 ~ 264	盐湖膏钙芒硝岩相
			下石膏段（E*g*1）	赭色、蓝灰色粉砂岩、泥岩、石膏岩互层，含多个石膏矿带	72 ~ 180	
		白沙口组（E*b*）		紫红色粉砂岩、砂岩或砂砾岩	7350	淡水湖沙泥岩相

纤维石膏具有明显分带性，一般垂深 60 ~ 300m，为薄矿带（其上、下均为贫矿带），此带内矿层增厚，层数增多，矿组富集，构成主要工业矿带。石膏呈乳白色、纤维状垂直裂隙壁分布，矿石具脉状、网脉状、放射状、层状等构造，其中层状者具工业意义。矿石质量一般较好，$CaSO_4 \cdot 2H_2O$ 含量为 94% ~ 96%，最高可达 97%。

泥质石膏因厚度、品位变化大，属次要。

石盐矿层产于 E*g*3 岩段内，该岩段厚约 200 ~ 800 m，其中盐层厚数十米至百余米，可划分八十余个盐组，并均与蓝灰色黏土岩关系密切，每盐组厚 1 ~ 9 m，最厚 20 m。盐组间为紫红色粉砂岩、黏土岩或含膏泥岩所间隔，一般厚 2 ~ 5 m。盐组沿走向、倾向变化均大，不易对比。盐组内石盐层 1 ~ 17 层不等，一般 4 ~ 8 层，单层厚 0.1 ~ 4m，多数 0.3 ~ 0.8m，盐组内石盐层累计厚度 0.25 ~ 10.1 m，一般 3 ~ 6 m，每个盐组具有若干韵律，韵律分二层型和三层型两种结构，前者自下而上由硬石膏（石膏）或钙芒硝、石盐组成（附图 10-3）。

石盐矿石除石盐外，尚有硬石膏、芒硝等，矿石品位分三级：NaCl ≥ 75%；NaCl75% ~ 50%；NaCl50% ~ 25%。矿石中 K、I、B_2O_3 含量均低，无回收价值。

矿床形成过程　第三纪初期，应城—云梦地区为洞庭内陆断陷中浅水湖盆地。由于当时气候干燥，周围老地层提供丰富的盐分，地下热卤水也可能带进矿质，湖泊逐步转化为盐湖。早期属硫酸盐型，故沉积了硬石膏（石膏）；随着蒸发浓缩，硫酸钠相对富集而有

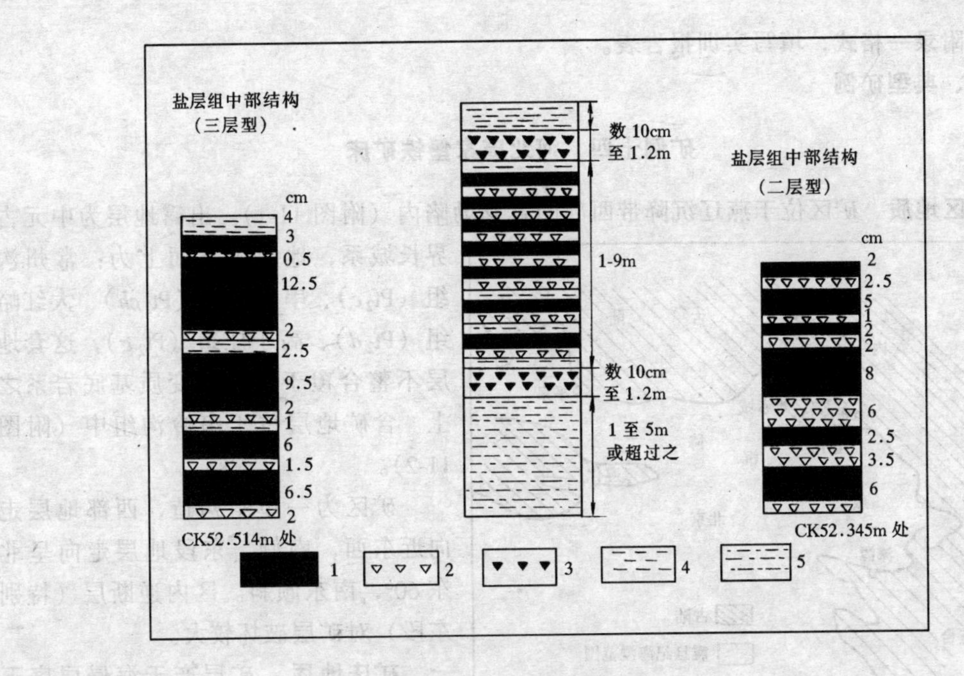

附图 10-3　盐层组结构示意图

（据赵东甫“非金属矿床”，1986）

1—石盐；2—石膏晶体；3—硬石膏；4—灰蓝色黏土岩；5—赭色粉砂质黏土岩

钙芒硝及硬石膏沉积；晚期水面缩小，氯化物高度富集而沉积了石盐。从石膏、硬石膏—钙芒硝—石盐沉积这一正向韵律表明，各种盐类组分是按各自溶解度大小依序沉积的。盐层中小沉积韵律代表气候的周期性变化。第三纪末，由于构造影响和气候变湿，盐湖转变为淡水湖而沉积了黏土岩、泥灰岩等盖层，使盐膏层得到保存而形成矿床。

实训十一　胶体化学沉积矿床

一、实训指导

1. 目的要求

了解本类矿床形成的地质条件和矿床地质特点。

2. 实训内容

在列举的矿例中任选一处实习，实训标本应包括各种矿石类型、含矿系（层）顶底板岩石及典型矿石构造等。

3. 观察分析要点

(1) 矿区地层层序，尤其是含矿岩系（含矿层）层位、层序与岩性（包括顶、底板、夹层岩性）特点。

(2) 矿体产状、形态、规模。

(3) 矿体的矿石组成、矿石组构及其分布特征。

(4) 成矿古地理条件、矿质来源。

4. 作业

按附录一格式，填写实训报告表。

二、典型矿例

矿例十四　河北庞家堡铁矿床

矿区地质　矿区位于燕辽沉降带西部的宣龙坳陷内（附图 11-1）。出露地层为中元古界长城系，地层由下而上为：常州沟组（Pt_2c）、串岭沟组（Pt_2ch）、大红峪组（Pt_2d）、高于庄组（Pt_2g），这套地层不整合覆于太古代变质基底岩系之上。含矿地层位于串岭沟组中（附图 11-2）。

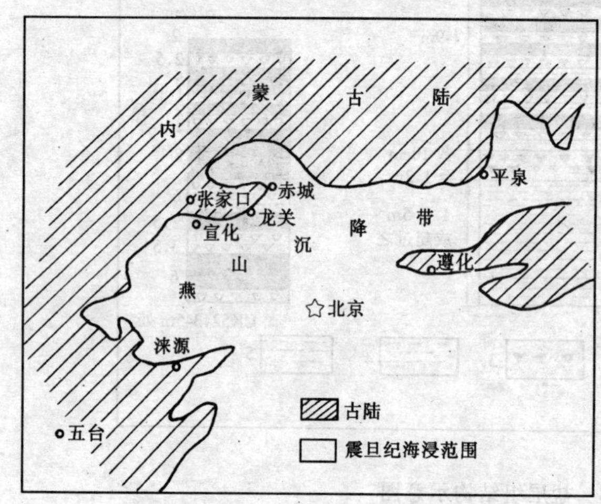

附图 11-1　宣龙铁矿古地理位置示意图

矿区为一单斜构造，西部地层走向近东西，南倾，东段地层走向呈北东 60°，南东倾斜。区内逆断层（特别东段）对矿层破坏较大。

矿床地质　矿层产于海侵层序下部，即常州沟组石英岩之上的串岭沟组砂页岩中。铁矿层主要有 3 层，与砂页岩相间，构成厚约近 30 m 的含矿岩系（附图 11-3）。含矿层位较稳定，呈层状，产状与围岩整合一致，走向长 12km，延深约 2km。

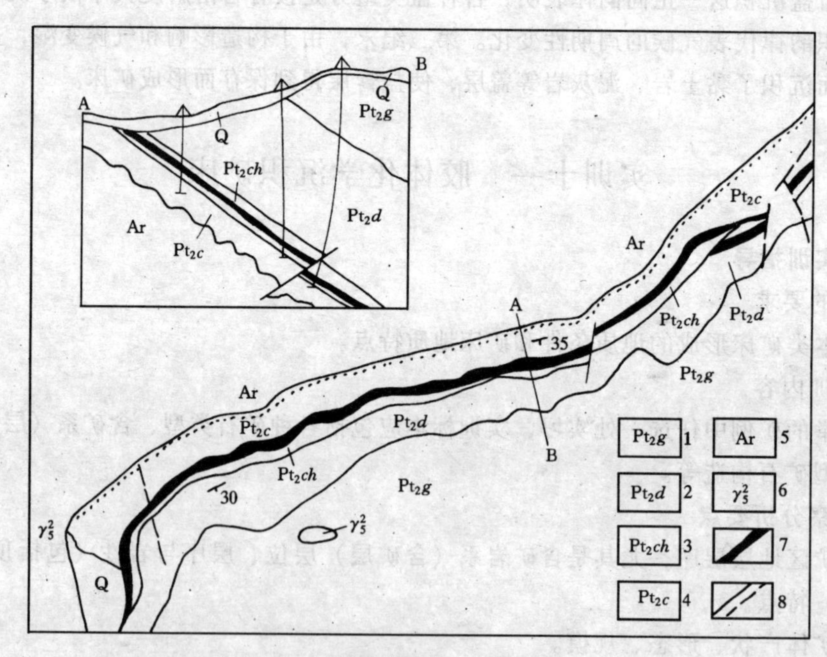

附图 11-2　庞家堡铁矿区地质略图

（据长春地质学院矿床教研室"矿床实习讲义"，1980 略有修改）

1—高于庄组；2—大红峪组；3—串岭沟组页岩；4—常洲沟组；

5—太古界片麻岩；6—花岗岩；7—含矿层；8—断层

矿石矿物主要为赤铁矿，少量菱铁矿（位于第一层矿的顶板）；脉石矿物主要为石英，次为黄铁矿、阳起石、鲕状绿泥石等。局部地段（侵入体附近）由于受岩体影响，矿石中赤铁矿、菱铁矿变成磁铁矿。矿石平均品位 TFe45%，有部分富铁矿石（47%～58%），有害杂质 S、P 含量较少。矿床规模大。

矿石构造以鲕状、肾状为主，块状次之。鲕粒核心一般为石英。一般肾状铁矿层与较粗粒浅色砂岩互层，分布于含矿层下部；鲕状赤铁矿层多与深色页岩互层，分布于偏上层位；再上常覆有菱铁矿石。菱铁矿石中含有鲕绿泥石和黄铁矿，反映其沉积环境由浅至深、由氧化至弱还原的变化。

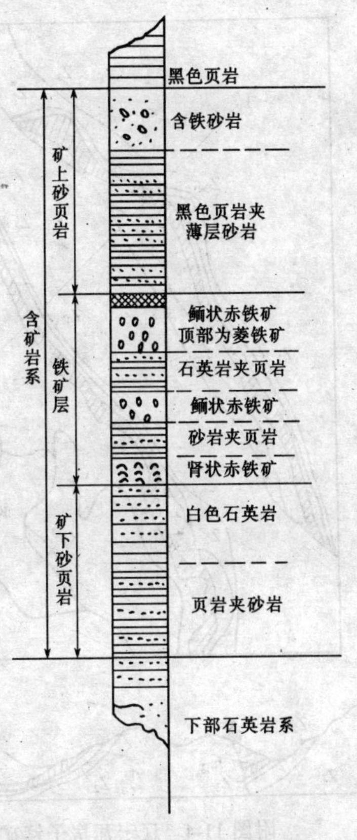

附图 11-3　宣龙一带含矿岩系柱状图

矿床成因　宣龙坳陷是由隆起古陆（北为内蒙古陆，南为密怀隆起）所包围的半封闭式海湾环境，具有接受铁质汇聚的良好古地理环境。矿层是在海进时期形成。在矿层中见有交错层、波痕和泥裂等构造，说明成矿作用是在海水动荡的环境中，即浅海或泻湖中沉积形成。成矿物质来源主要为北部内蒙古陆上的古老地层中的含铁层及含铁硅酸盐岩层，经长期风化、剥蚀、分解，最后形成铁的胶体溶液随地表水搬运至浅海盆地中，在电解质作用下，形成铁的胶体化学沉积矿床。

矿例十五　辽宁瓦房子锰矿床

矿区地质　矿区地层主要为震旦系、寒武系，其中震旦系分为下部、中部及上部，其中上部震旦系（Z_3）自上至下分为四层；

4. 紫灰色白云质灰岩（Z_{3-4}），厚度 < 26m；

3. 含锰系（Z_{3-3}）：由杂色含锰碳酸盐岩，含锰粉砂质页岩，含锰页岩及锰饼组成；

2. 条带状硅化白云质灰岩层（Z_{3-2}），上部为含锰白云质灰岩及石英砂岩，厚 22～45m；

1. 黑色纸状页岩层（Z_{3-1}）：以页岩为主，夹灰岩、板岩、砂岩，厚 50～80m。

矿区东南部为一轴向北东向斜构造，西北部为一单斜构造，矿区中部正断层纵贯全区，上（西）盘下降甚大，并将矿区分南、北两区（附图 11-4）。

矿床地质　含锰岩系主要分布于震旦系顶部，包括上、中、下三个含锰层，据其岩性特征、可划分为八层，三个小旋回，自上而下为：

8. 顶部白云质灰岩；

7. 上含锰层：下、中部为含锰页岩，其余为粉砂质页岩，厚 6.5m；

6. 薄层状白云质灰岩层：厚 6m；

5. 含锰粉砂质页岩层：偶夹 < 10cm 小锰矿饼，厚 6m；

4. 中含锰层：紫褐、暗紫色及黑色含锰粉砂质页岩；中部夹锰矿饼群，厚 3.5m；

3. 含锰白云质灰岩层或泥质灰岩层；

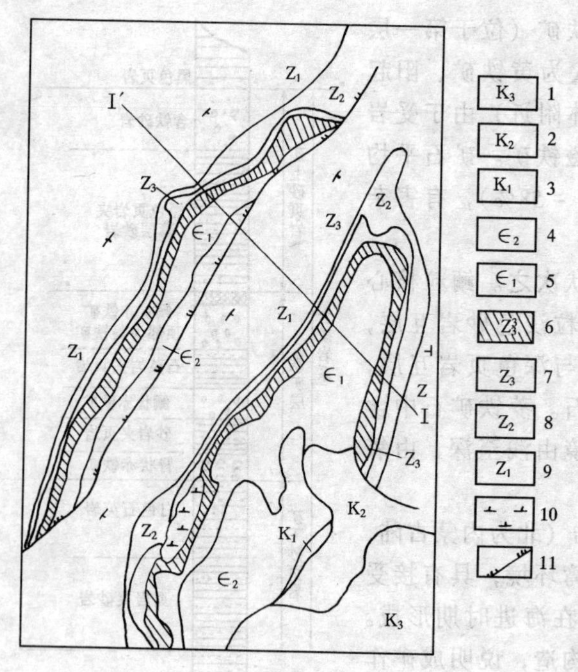

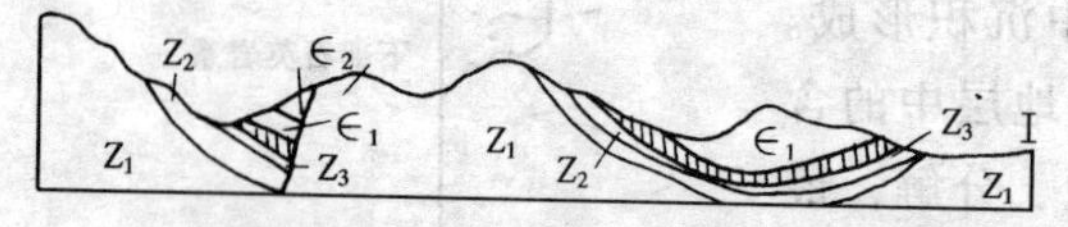

附图 11-4　辽宁瓦房子锰矿床地质略图

（据成都地质学院矿床教研室“矿床学实习指导书”，1984）

1—紫色安山质火山碎屑岩；2—中酸性火山岩系；3—陆相砂页岩；4—竹叶状、鲕状石灰岩、白云岩夹页岩；5—砾岩、石灰岩、白云岩及页岩层；6—含锰岩系（Z_3^3）；7—白云岩；8—薄层状、板状粉砂质黏土岩；9—石灰岩、白云质石灰岩、白云岩；10—角闪玢岩小侵入体；11—断层

2. 下含锰层：主要为含锰粉砂质页岩，中部夹锰矿饼群，厚 3m；

1. 底部硅质角砾岩层：微不整合覆于下部岩层之上，厚 0.3m。

自下而上三个小旋回是：第 1 至 3 层为第一旋回，第 4 至 6 层为第二旋回，第 7 至 8 层为第三旋回。

锰矿石呈透镜体产于含锰层中，具有工业意义者为中、下部两个含锰层，许多大小不等、形态各异的透镜体在含锰层中成群聚集，称为“矿饼群”（附图 11-5 中黑体部分）。矿石透镜体平行层理发育，产状要素与围岩层理基本一致。中部含锰层矿饼群厚度较下部为大，走向延长 129 ~ 3.0m，平均 29m，倾斜延深 15 ~ 3m，平均 7.8m，矿饼群最大净厚 1.2m，平均 0.9m，矿饼群间距 > 8m，矿饼个体大多属小型，其厚度 < 0.5m 者占 98.92%，长度 < 5m 者占 95.8%。

矿石基本组成矿物为水锰矿、菱锰矿，次为硬锰矿、含锰方解石，按有用矿物种类及成因，分以下三种矿石相：

（1）原生沉积矿石相：

1）氧化物矿石相　仅分布于南区，北区缺失，以水锰矿为主，有少量硬锰矿，呈细粒集合体，鲕状构造，脉石成分为硅质及碳酸盐；

2）碳酸盐矿石相　主要分布于北区，南区仅在北西侧零星存在，除菱锰矿外，尚有含锰方解石。北区还见有黄铁矿、磁铁矿伴生，具鲕状、豆状、角砾状构造，脉石矿物主要为碳酸盐类；

3）混合矿石相　由上述两类矿物混合组成，主要分布于南区北西侧。

（2）变质褐锰矿矿石相　见于南区角闪玢岩侵入体周围，为氧化锰经轻微变质形成，并有磁铁矿、石榴子石伴生。

（3）次生氧化锰矿石相　即原生碳酸锰矿石经风化成硬锰矿、软锰矿石，组构无甚变化。

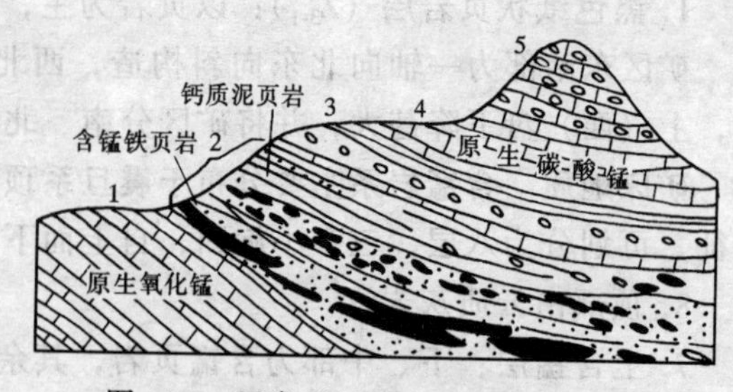

图 11-5　瓦房子锰矿南区地质剖面图

（据成都地质学院矿床教研室“矿床学实习指导书”，1984）

1—震旦系灰岩、页岩、白云岩；2—上震旦统含锰系；3—下寒武统页岩；4—中寒武统灰岩、页岩；5—上寒武统鲕状灰岩

上述矿石相在平面上呈平行带状分布，延长方向与区域岩层走向一致，呈北东—南西向；在沉积剖面上，碳酸锰矿石相往上逐渐扩大，氧化锰矿石相逐渐缩小，且往往水锰矿多发育于下部、碳酸盐相发育于上部，极少出现相反情况，显然属沉积环境变化所致。

矿石多属低品位铁锰矿石，原生氧化物矿石含锰 20%～30%，Mn/Fe2～3；碳酸锰矿石含锰15%左右，Mn/Fe＜1.5，含铁 15%～10%，含磷＜0.1%，含 $SiO_2$20%左右。矿石构造有块状、条带状、角砾状、鲕状、豆状；矿石结构有等粒状、胶状等。

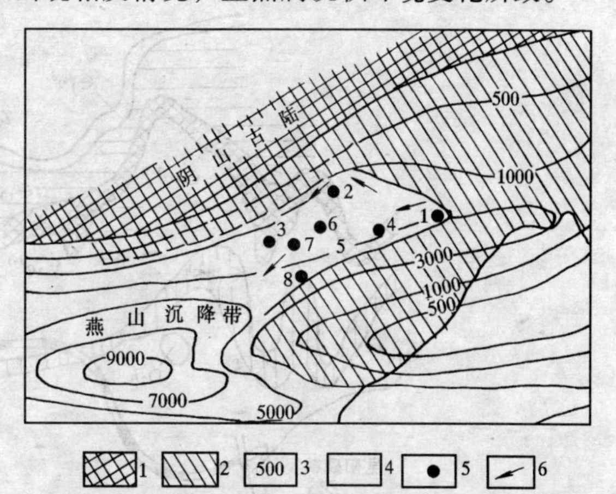

附图 11-6　瓦房子区域震旦纪末期古地理示意图

（据长春地质学院《矿床学实习指导书》，1980）

1—古陆；2—中、晚震旦世海侵范围；3—震旦系等厚线；4—晚震旦世海侵范围；5—锰矿产地（1—瓦房子）；6—水流方向

矿床成因　本区沉积古地理位置正处于阴山古陆南侧的燕山沉降中心偏北部位（附图 11-6）。沉积环境十分有利。

根据其不同原生矿石相分布特点及东南区普遍见有波痕、雨痕等说明，本区南、北两部分沉积环境有明显差别；南区海水较浅为氧化环境，故形成氧化锰矿石相，并有石英细砂及粉砂质沉积；北区海水较深，为还原环境，发育碳酸锰矿石相；南区北西侧混合矿石相的存在，也是其过渡环境的反映。

根据三个旋回结构，锰矿层均形成于每次海退层序底部或下部。

矿床形成后，虽然经受了一定的变质改造，但甚轻微，接触变质仅局部存在，仍属海相沉积锰矿床。

实训十二　生物化学沉积矿床

一、实训指导

1. 目的要求

了解本类矿床地质特征、形成条件与分布规律。

2. 实训内容

云南昆阳磷矿床。实训标本应包括顶底板围岩、夹层岩石、各种典型矿石类型。

3. 观察分析要点

(1) 矿区所处大地构造位置，成矿古地理环境。

(2) 矿区地层层序，尤其是含矿岩系（层）的地层层序、岩性特点；

(3) 矿石的矿物组成、主要矿石结构、构造。

二、典型矿例

矿例十六　云南昆阳磷矿床

矿区地质　矿区位于康滇古陆东缘的凹陷地带，哀牢山之北。矿区位于轴向东南的香条冲背斜的南翼，倾向 160°～190°，倾角 10°～25°。区内出露地层有上震旦统和下寒武统（附图 12-1，附表 12-1）。

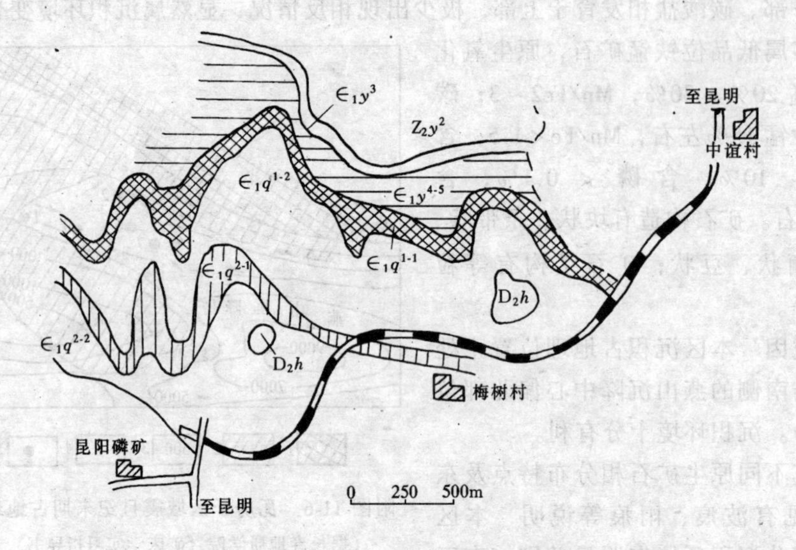

附图 12-1 昆阳磷矿区地质略图

$Z_{2y}{}^2$—白岩哨段；$\in_{1y}{}^3$—小歪头山段；$\in_{1y}{}^4$—中谊村段；$\in_{1y}{}^5$—大海段；

$\in_{1q}{}^1$—八道湾段；$\in_{1q}{}^2$—玉案山段；D_2h—海口组

昆阳磷矿地层简表 附表 12-1

年代地层单位		岩石地层单位		代号	厚度（m）	岩性
统	阶	组	段			
下寒武统	筇竹寺阶	筇竹寺组	玉案山段	$\in^2_{1q}$	72	页岩与粉砂岩互层、底部夹碎屑状磷快岩
	梅树村阶		八道湾段	$\in^1_{1q}$	54	上部：灰色泥质粉砂岩 中部：白云质泥岩、石英砂岩 下部：泥质粉砂岩，夹两层结核状磷块岩
		渔户村组	大海段	$\in^5_{1y}$	1.1	含磷粉砂质白云岩
			中谊村段 上磷矿层	$\in^{4-3}_{1y}$	5.5	蓝灰色磷块岩
			中谊村段 夹层	$\in^{4-2}_{1y}$	1.6	灰白色黏土页岩：风化后成白色软泥（又称白泥层）
			中谊村段 下磷矿层	$\in^{4-1}_{1y}$	3.7	蓝灰色磷块岩
			小歪头山段	$\in^3_{1y}$	8.2	上部：含磷砂质白云岩 下部：白云岩夹燧石条带及扁豆体
上震旦统	灯影阶		白岩哨段	Z^2_{2y}	165	灰白色白云岩
			旧城段	Z^1_{2y}	20	泥质白云岩
		东龙潭组	藻白云岩段	Z_{2dl}	>300	藻白云岩，顶部夹磷块岩透镜体

矿床地质　磷矿层主要赋存于中谊村段，包括上、下两个主要工业磷矿层：

上磷矿层产于中谊村段上部，平均厚度为5.5m。矿层风化后，矿石多为灰色或灰白色。上部多为鲕状白云质磷块岩、生物碎屑状磷块岩，中部为致密块状磷块岩，下部为含硅质磷块岩或砾屑状磷块岩。该层多具水平层理，含大量多门类小壳动物化石和痕迹化石。

下磷矿层产于中谊村段下段，厚度一般在3.5m左右，局部具斜层理，含软舌螺等生物化石和痕迹化石。矿层由白云质—硅质条带磷块岩、白云质生物碎屑磷块岩、白云质磷块岩、白云质砾屑状磷块岩组成。

矿体形态一般为层状或大透镜状，局部有分支和尖灭现象。矿石矿物主要为胶磷矿（含量可达85%），脉石矿物为方解石、白云石、石英、玉髓、海绿石等。矿石结构多为内碎屑、生物碎屑、鲕状、球粒等结构；矿石构造多为块状、条带状。矿石品位 P_2O_5 20%～37%。一般上磷矿层高于下磷矿层，矿区东部高于西部，沿倾向浅部高于深部。有害杂质含量低，伴生有益组分为V、Ni、Mo。

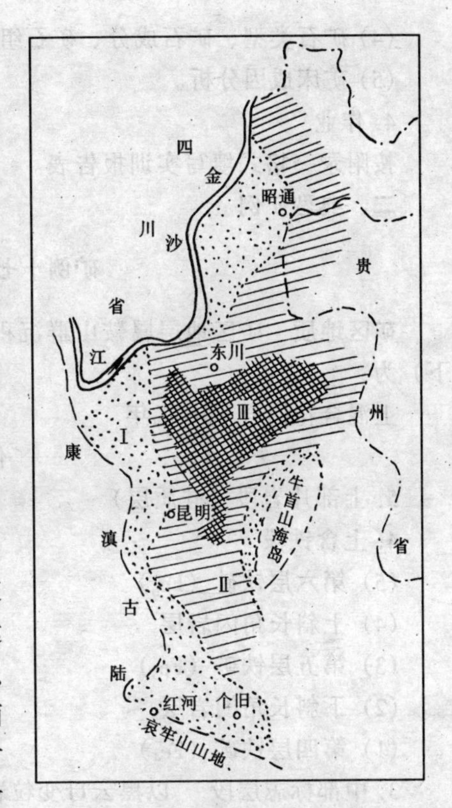

附图 12-2　云南东部下寒武统磷块岩的岩相古地理图

（据梁永铭，1973）

Ⅰ—碎屑磷块岩相；Ⅱ—碳酸盐磷块岩相；Ⅲ—硅酸盐磷块岩相

矿床成因　从古地理环境看，成矿区处于康滇古陆、牛首山岛陆与哀牢山山地之间一个相对封闭而平静的海湾（图 12-2），为磷质聚沉提供了良好环境。在北东方向有狭窄的通道与扬子广海相连，在早寒武世海水由东向西推进中，上翻洋流带进丰富磷质，在靠古陆边缘附近则沉积碎屑磷块岩相（砂质、角砾状的磷块岩）矿石为主，而离古海岸愈远，海水越深，则沉积碳酸磷块岩及硅酸盐磷块岩为主。

实训十三　变　质　矿　床

一、实训指导

1. 目的要求

了解本类矿床形成的地质条件、变质成矿作用机理及矿床地质特征。

2. 实训内容

将列举的两个变质矿床进行对比实训。

3. 观察分析要点

(1) 区内含矿地层时代、层序及主要岩性特点；

(2) 矿层赋存层位、各矿层顶底板及夹层岩性；

(3) 矿体产状、形态、规模及与围岩的关系；

(4) 矿石类型、矿石成分、矿石组构；
(5) 矿床成因分析。
4. 作业
按附录一格式填写实训报告表。
二、典型矿例

矿例十七　鞍山弓长岭铁矿床

矿区地质　矿区地层属鞍山群沉积变质岩系中部，总厚约 600m，层序岩性（自上至下）为：
上混合花岗岩　18 亿年
……………侵入交代接触……………
5. 上部片岩段（硅质层）
4. 上含铁段
(5) 第六层铁矿（Fe_6）　50 ~ 60m
(4) 上斜长角闪岩层　6 ~ 22m
(3) 第五层铁矿（Fe_5）　10 ~ 15m
(2) 下斜长角闪岩层　10 ~ 40m
(1) 第四层铁矿（Fe_4）　10m
3. 中部标志层段　以黑云母变粒岩为主。夹第三层铁矿（Fe_3 厚 3 ~ 5m，为条带状磁铁石英岩）　总厚 70 ~ 190m
2. 下含铁段
(4) 第二层铁矿（Fe_2）　2 ~ 27m
(3) 中部片岩层　2 ~ 20m
(2) 第一层铁矿（Fe_1）　2 ~ 18m
(1) 下部片岩层　23 ~ 360m
1. 角闪岩层　20 ~ 150m
中鞍山群烟龙山组
……………侵入交代接触……………
下混合岩：20 亿年

二矿区为一单斜构造（附图 13-1），倾向北东，倾角 60° ~ 80°。主干断裂（带）为一大体与地层平行的冲断裂（带），由上、下两条平行断裂组成，为混合岩化热液活动通道，并控制矿区内热液蚀变带及富铁矿的分布。

矿床地质　矿体多呈层状、似层状、透镜状，其产状与围岩一致。总长 4000 ~ 5000m，陡倾单斜延深 1000m，其中富矿体呈似层状、脉状、柱状分布。共有铁矿六层（图 8-1），富矿体主要产于第六层铁矿（主要矿层）中，产状与贫铁矿层一致，均呈似层状向上变薄，往深部增厚。矿体围岩主要为斜长角闪岩。

矿石矿物主要为磁铁矿、少量赤铁矿，脉石矿物主要为石英，次为铁镁闪石、石榴石、绿泥石。矿石含铁为 27% ~ 39%，SiO_2 为 32% ~ 48%。富矿石含铁为 54% ~ 67%，SiO_2 为 2% ~ 21%。

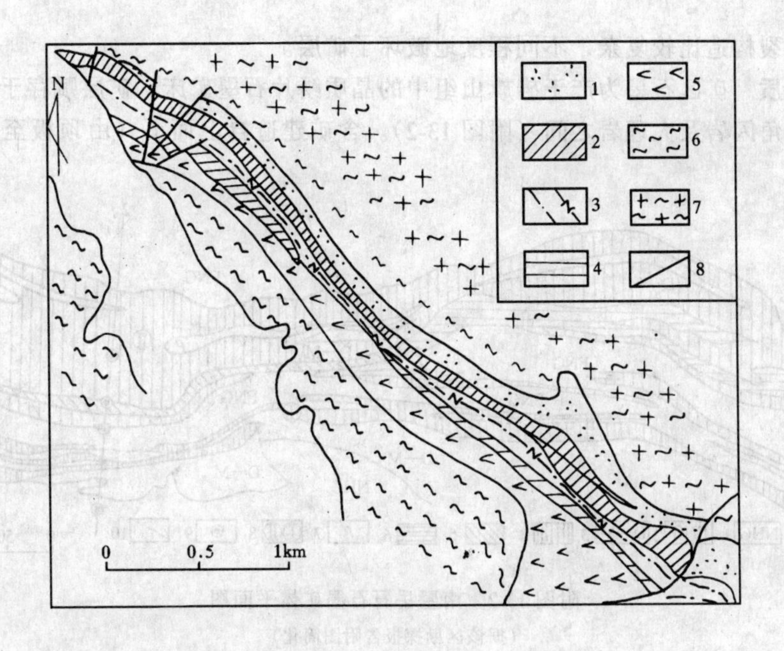

附图 13-1 弓长岭铁矿区（二矿区）地质略图

（据刘文治主编“矿床学”，1985 有修改）

1—硅质岩层（石英岩）；2—上含铁带；3—中部钠长变粒岩；4—下含铁带；5—角闪岩层；6—混合岩；7—混合花岗岩；8—断层

贫铁矿石普遍为磁铁石英岩，具条带状、条纹状构造，并以细条带（条带宽 1～3mm）和条纹状构造为主；富铁矿石一般呈致密块状或细条纹、微条纹状。

矿石结构普遍具细粒至微粒状变晶结构，磁铁矿多呈半自形或它形变晶，石英多为他形，粒度为 0.04～0.6mm。

富矿体近矿围岩有明显蚀变，最常见者为绿泥石化、镁铁闪石化、石榴石化、绢云母化等，且一般从富矿体一侧向外作带状发育：由铁镁闪石化→石榴石子化→绿泥石化。蚀变带宽十几米至几十米。化学成分变化上，自富矿体向外，Fe 含量显著下降，SiO_2 显著上升，Ca、Mg 成分逐渐增多。

矿床成因 本区贫铁矿属火山沉积变质型。即矿床中硅铁质主要来源于中、基性火山喷出物，在海底以化学沉积方式富集成矿，后经区域变质改造而形成磁铁石英岩。根据富铁矿均产于含铁石英岩贫矿断裂中，并见有交代贫矿残余体和穿插贫铁矿及其周围普遍具围岩蚀变等现象，应属晚期混合岩化热液交代作用产物。

矿例十八 山东南墅石墨矿床

矿区地质 矿区位于鲁东隆起区胶北隆起内约 100km² 的断陷中。区内地层为上太古界—下元古界胶东群。胶东群可分为下部化山组和上部旌旗山组两部分。旌旗山组分上、下两段，下段主要由角闪混合片麻岩、斜长角闪岩、石榴斜长片麻岩等组成，一般不含石墨矿；上段主要由角闪斜长片麻岩、白云质大理岩、石榴斜长片麻岩及石墨片麻岩组成，为主要赋矿地层。化山组由黑云变粒岩夹斜长角闪岩等组成，不含石墨，区内分布少。

旌旗山组分布广泛，在区内组成东西向复式向斜，复向斜轴位于杏花山—院上村—

线。区内断裂构造比较复杂，不同程度地破坏了矿层。

矿床地质 矿区石墨为产于旌旗山组中的晶质鳞片石墨矿床。矿层赋存于石榴斜长片麻岩、斜长角闪岩及大理岩之间（附图 13-2）。含矿建造自上而下（由顶板至底板）的基本岩性是：

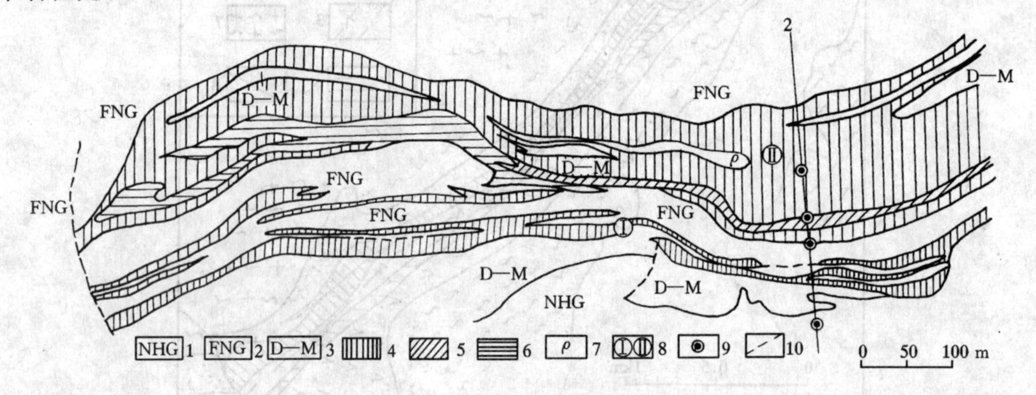

附图 13-2 南墅岳石石墨矿体平面图

（据该区勘探报告附图简化）

1—斜长角闪片麻岩；2—石榴斜长片麻岩；3—透辉石大理岩；4—晶质石墨矿石；5—非晶质石墨矿石；6—晶质—非晶质石墨矿石；7—伟晶岩；8—石墨矿层号；9—钻孔；10—断层

大理岩

黑云母斜长片麻岩及角闪斜长片麻岩互层

透辉石化大理岩及蛇纹石化大理岩

第一层矿（①号矿体、石墨片麻岩）

石榴斜长片麻岩（矿间夹层）

第二层矿（②号矿体主矿体，为晶质鳞片状石墨、隐晶质石墨）

蛇纹石化大理岩

石榴石片麻岩

第三层矿（③号矿体，贫薄未出露）

大理岩（矿层直接底板）

矿体呈似层状，透镜状，与地层整合接触。界线一般清楚，其规模大小不等，二号矿体东西延长一千余米（附图 13-3），最大厚度 90m，延深 400m 以上，为目前主要生产对象。一号矿体由透镜状矿体组成，单个矿体规模小，非主要开采对象。三号矿体贫薄，地表未出露，尚未开采利用。

矿石的矿物成分主要有石墨、磁黄铁矿、黄铁矿、斜长石、石英、透闪石、透辉石、黑云母等。矿石中石墨含量一般 3%～10%，最高达 20%。石墨鳞片大小为 0.01～6mm，一般为 0.2～1.5mm，但在挤压破碎带中有所变小，而混合岩及伟晶岩脉附近有所增大。矿石呈片麻状构造和花斑状构造，花岗变晶结构，填隙结构、压碎结构。

矿床成因 本矿床属沉积变质成因。区域变质作用前为一较稳定浅海带的沉积环境，沉积物中有大量低等生物遗体形成的有机质炭，由于中—深区域变质作用，使原岩中有机碳气化溢出，在还原条件下（如石墨与黄铁矿、磁黄铁矿密切共生）转化为石墨，后因混合岩化作用，长英质脉体沿层理、片理贯入交代，使石墨矿层相对贫化，石墨重结晶聚集

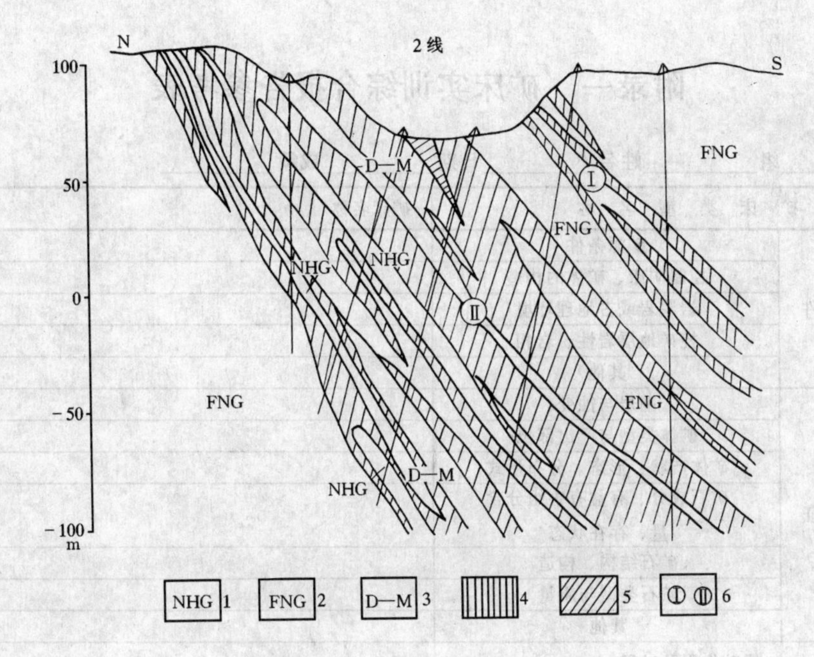

附图 13-3　岳石矿区 2 号剖面

（据该区勘探报告附图简化）

1—斜长角闪片麻岩；2—石榴斜长片麻岩；3—透辉石大理岩；4—晶质石墨矿石；5—非晶质石墨矿石；6—石墨矿层编号

成较大的鳞片。后期经混合岩化—花岗岩化热液交代，生成规模较小的富矿。

附录一　矿床实训综合报告参考表

班________组__________姓名__________日期__________成绩__________

矿 床 类 型 名 称		矿床名称	
成矿地质条件	矿源条件		
	控制矿床、矿体的构造		
	岩浆岩或古地理环境		
	控矿地层岩性、岩相		
	其他		
矿床地质特征	围岩与蚀变		
	矿体类型与产出部位		
	矿体产状、形态、分布形式		
	矿石成分、有益有害组分含量、存在状态		
	矿石结构、构造		
	矿石类型与质量		
	其他		
成矿作用及过程			
找 矿 标 志			
矿石特征素描			
教 师 评 语			

注：此表供参考，使用中可根据矿床具体情况做适当调整或简化补充。

主 要 参 考 文 献

1．矿产地质基础．北京：地质出版社，1978

2．任启江，故志宏，严正富，叶俊，孙明志编．矿床学概论．南京：南京大学出版社，1993

3．刘文治主编．矿床学．北京：地质出版社，1987

4．杜国银，吴巧生主编．矿产地质基础．北京：地质出版社，1998

5．袁见齐，朱上庆，翟裕生主编．矿床学．北京：地质出版社，1979

6．胡受奚等．矿床学．北京：地质出版社，1983

7．卢记仁等．攀西地区钒钛磁钛磁铁矿矿床的成因类型．矿床地质，1988，7（1）

8．赵一鸣，林文蔚等．中国矽卡岩矿床．北京：地质出版社，1990

9．宁芜研究项目编写小组．宁芜玢岩铁矿．北京：地质出版社，1978

10．武汉地质学院煤田教研室编．煤田地质学（上册）．北京：地质出版社，1979

11．陈荣书主编．石油及天然气地质学．武汉：中国地质大学出版社，1994

12．赵东甫，冯本智主编．非金属矿床．北京：地质出版社，1986

13．陶维屏主编．中国工业矿物与岩石（上册）．北京：地质出版社，1987

14．张培元主编．中国工业矿物与岩石（下册）．北京：地质出版社，1987

15．邓燕花编著．宝（玉）石矿床．北京：北京工业大学出版社，1992

16．谢自谷主编．矿床学实习指导书．北京：地质出版社，1991